通用地表水水质模块：
HEC-RAS（水质部分）
模型理论

彭文启　刘晓波　董飞　等　编著

中国水利水电出版社
www.waterpub.com.cn
·北京·

内 容 提 要

本书针对新近研发的营养盐模拟模块（NSMs），详细阐述了该模块及所支撑水质模型的基本理论和数学公式。NSMs通过计算单位水体水质成分的变化以模拟水生态系统。根据模拟中涉及的状态变量数量及其相互作用程度，NSMs设置了 NSMⅠ 和 NSMⅡ 两种动力学模式，可分别模拟 16 和 24 种状态变量。另外为更全面模拟营养盐迁移转化过程，还研发了可与 NSMⅡ 耦合模拟的沉积成岩模块。

本书可作为水环境、水生态、水资源、水利工程等相关专业研究人员和技术人员的参考书，也可作为高等院校相关专业师生的教材或参考书使用。

图书在版编目（ＣＩＰ）数据

通用地表水水质模块 ： HEC-RAS（水质部分）模型理论 / 彭文启等编著. -- 北京 ： 中国水利水电出版社，2019.11
ISBN 978-7-5170-8184-5

Ⅰ．①通… Ⅱ．①彭… Ⅲ．①地面水—水质模型 Ⅳ．①P343

中国版本图书馆CIP数据核字(2019)第254340号

书　　名	通用地表水水质模块：HEC‐RAS（水质部分）模型理论 TONGYONG DIBIAOSHUI SHUIZHI MOKUAI：HEC‐RAS（SHUIZHI BUFEN）MOXING LILUN
作　　者	彭文启　刘晓波　董飞　等 编著
出版发行	中国水利水电出版社 （北京市海淀区玉渊潭南路 1 号 D 座　100038） 网址：www. waterpub. com. cn E‐mail：sales@mwr. gov. cn 电话：（010）68545888（营销中心）
经　　售	北京科水图书销售有限公司 电话：（010）68545874、63202643 全国各地新华书店和相关出版物销售网点
排　　版	中国水利水电出版社微机排版中心
印　　刷	天津嘉恒印务有限公司
规　　格	184mm×260mm　16 开本　9.75 印张　237 千字
版　　次	2019 年 11 月第 1 版　2019 年 11 月第 1 次印刷
印　　数	0001—1000 册
定　　价	**56.00 元**

本书编委会

（按姓氏笔画排序）

王伟杰　司　源　刘晓波　杜　霞　余　琅
陈学凯　侯　蕾　姚嘉伟　黄爱平　彭文启
董　飞　韩　祯

前言

HEC-RAS（Hydrologic Engineering Center-River Analysis System）可进行河流稳态与非稳态一维水动力水质模拟计算（新版本已有二维功能），在全世界范围得到了广泛使用。HEC-RAS 的前身还没有水质模块，目前 HEC-RAS 的水动力模块广为人知，但水质模块应用相对较少。水质模块（营养盐模拟模块，NSMs）采用并改进 QUAL2K、WASP、CE-QUAL-RIV1 等模型的算法，同时开发了新的算法，加入新的数学表达式，以动态链接库（DLL）的形式嵌入到 HEC-RAS 模型中，使模型也具备了水质模拟功能。

全书共 7 章，第 1 章介绍了研发背景和总体内容；第 2 章介绍了水温模拟模块，包括全能量平衡、简化能量平衡、温度修正系数等内容；第 3 章介绍了营养盐模拟模块 I（NSM I 模块）的处理过程和数学方程，包括碳、氮、磷循环过程以及 CBOD、病原体和碱度等状态变量的模拟理论；第 4 章介绍了营养盐模拟模块 II（NSM II 模块）的处理过程和数学方程，对较 NSM I 模块更为详细的藻类模块、营养盐循环和溶解氧动力学进行了阐述；第 5 章介绍了沉积成岩模块，阐述了 NSM II-SedFlux 的状态变量和主要过程；第 6 章介绍了本水质模块与 HEC-RAS 模型的集成框架；第 7 章为结论。

本书出版得到了 Zhonglong Zhang 博士（美国 ERDC）的大力支持，在此一并致谢。

囿于能力，不足之处恳请斧正。

作者

2019 年 9 月

目录

概　　述

1.1　背景

美国陆军工程师兵团（USACE）负责管理国家的溪流、河流和水道。这通常需要开发水质模型以解决环境和生态系统相关的问题。美国陆军工程师兵团开发并维护了最先进的工具——水文模型和水力学模型（H&H）。例如：HEC‑RAS（水文工程中心—河流分析系统），HEC‑HMS（水文工程中心—水文模型系统），GSSHA（基于网格的地表地下水文分析），以及 ADH（自适应水力模型）。这些模型需进一步优化，使其具备水质和水生态分析功能。基于这一需求，美国陆军工程师兵团全系统水资源项目（SWWRP）启动了"开发营养盐模拟模块"工作单元。这项研究可追溯到 2004 年，其初始目标是以动态链接库的形式为各种水文模型和水力学模型以动态链接库的形式开发水质模块插件，以帮助开展全系统的水资源评估。

在 SWWRP 项目下开发的营养盐模拟模块包括三个组成部分，分别为土壤、地表径流和水生态系统的水质动力模块。美国陆军工程师兵团生态系统管理与修复研究项目赞助了本模块的后续扩展和强化研究。本书介绍的水体营养盐模块（以下简称 NSMs）由美国陆军工程师兵团研究与开发中心（ERDC）环境实验室专门为 HEC‑RAS 模型开发，同时也具备接入其他水文、水力学模型的潜质。

1.2　水质模块插件

采用数学模型跟踪随水流的输移（水平及垂向）、从高浓度区向低浓度区的扩散（分子扩散或紊动扩散）以及发生化学及生物反应时的各项水质组分浓度。水体系统水质组分的输移扩散变化主要受物理和生物化学两类过程的影响。

水质动力学主要描述水质组分所有的生物化学反应和转化。由于水质问题范围较广，各种水质组分均可作为状态变量（Thomann and Mueller，1987；Chapra，1997）。在此背景下，已开发多种具有水质模拟能力的模型。这些模型将水质动力学作为单独模块，或作为水动力学模块的组成部分。将水文水力学和水质模型耦合在一起的模型是分析和预测受纳水体水质的关键工具。NSMs 模型的开发是为了解决广泛存在的一维和二维河流水质模拟问题。开发 NSMs 模型的基本理念是尽可能多地采用现有的水质动力学模块。然而，对于某些问题，可能还没有相应程度的水质动力学供 NSM 使用。对于这类情况，最新的研究成果和开源文献开发了新的组件或算法。以下模型已经评估并在 NSMs 中开发了相应算法：QUAL2E（Brown and Barnwell，1987），QUAL2K（Chapra et al. 2008），WASP（Wool et al. 2006），CE－QUAL－RIV1（EL 1995a），CE－QUAL－W2（Cole and Wells，2008），CE－QUAL－ICM（Cerco and Cole，1993；Cerco et al. 2004），这些水质模拟模型在实际应用中表现良好。

NSM 主要有以下属性：

（1）NSM 解决每个水质单元以及每个组成或状态变量的内部源和汇方程。NSM 被打包为两个水质模块插件（NSM Ⅰ 和 NSM Ⅱ）。在进行水质分析时，每个模块必须集成到水文水动力学模型中。

NSM Ⅰ 使用 16 个状态变量来模拟水体中藻类，简单的氮、磷、碳循环，碳化生化需氧量，溶解氧和病原体。水质状态变量可以单独启用或禁用。

（2）NSM Ⅱ 使用 24 个状态变量来模拟多种藻类，氮、磷、碳循环，碳化生化需氧量，溶解氧和病原体。NSM Ⅱ 还可以通过沉积物成岩模块动态计算沉积物需氧量和各营养盐在水体与沉积物之间的输移。

（3）NSMs 新开发的算法和数学公式已经过各种实例的测试和证明，并与其他水质模型进行了对比。

（4）NSM 的建模代码为未来扩展提供了灵活性，包括添加额外的状态变量和过程。

（5）NSMs 通过开发的前处理器和后处理器与 HEC－RAS 集成来设置、运行模型，并进行结果展示和分析。

在本书中，水质模块中的内部源和汇项或动力学方程被写为浓度相对于时间的导数，使用与国际单位制（SI）一致的单位。本报告中 SI 基本单位及其符号包括：长度为米（m），质量为毫克（mg），温度为开尔文（K）或摄氏度（℃），热通量为瓦特（W），时间为日（d）。浓度以毫克/升（mg/L）表示。

1.3　本书结构

本书详细介绍了 NSMs 及其配套水质模块的技术和算法，包括 7 章和 4 个附录。

第 1 章介绍了本研究的背景和水质动力学总论；第 2 章简要介绍了水温模拟模块；第 3 章介绍了 NSM Ⅰ 模块的处理过程和数学方程；第 4 章介绍了 NSM Ⅱ 模块的处理过程和数学方程；第 5 章介绍了沉积成岩模块；第 6 章介绍了本水质模块与 HEC－RAS 模型的集成框架，第 7 章为总结和结论。

附录 A～附录 D 分别列出了在水温模拟模块、NSM Ⅰ 模块、NSM Ⅱ 模块和沉积物成岩模块中所用到的数学符号的含义。

水 温 模 拟 模 块

水温是水生系统最重要的物理特征之一。在水质模型中，水温除了其自身效应外，还影响所有的生物和化学反应。几乎所有的动力学速率都与温度有关，因此在 NSMs 模块中，水温是进行动力学速率修正的必要输入参数。本章简要介绍了水温模拟模块（TEMP）。水温模拟模块采用了两个能量守恒方程计算全能量平衡和简化能量平衡。这些方程以能量流率或通量形式表示能量，单位为焦耳/秒（J/s）或瓦特（W）。温度采用摄氏度（℃）或绝对温度卡尔文（K），两种表达方式相差 273.16K，例如 0℃＝273.16K。

2.1 全能量平衡

全能量平衡考虑了外部作用下的热量输入和输出，以及水面和沉积物—水界面的热交换。进入水面的主要热交换形式（源）为短波太阳辐射、大气长波辐射、从大气向水体的热传导、直接热输入。水体输出热量主要热交换形式（汇）为水体长波辐射、蒸发、从水体向大气的热传导。水面、沉积物—水界面的热量源汇示意如图 2.1 所示。

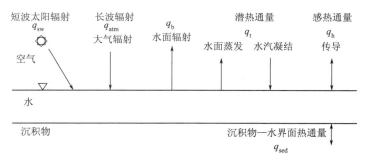

图 2.1　水体热量源汇示意图

单位热通量（W/m²）用于描述气—水界面和沉积物—水界面的热交换。习惯上，

"＋"表示进入水面，"－"表示离开水面。净热通量计算公式为

$$q_{\text{net}} = q_{\text{sw}} + q_{\text{atm}} - q_{\text{b}} + q_{\text{h}} - q_{\text{l}} + q_{\text{sed}} \tag{2.1}$$

式中：q_{sw} 为短波辐射净热通量；q_{atm} 为大气长波辐射（沉降流）净热通量，$\text{W} \cdot \text{m}^{-2}$；$q_{\text{b}}$ 为水面长波辐射（涌升流）净热通量，$\text{W} \cdot \text{m}^{-2}$；$q_{\text{h}}$ 为感热通量，$\text{W} \cdot \text{m}^{-2}$；$q_{\text{l}}$ 为潜热通量，$\text{W} \cdot \text{m}^{-2}$；$q_{\text{sed}}$ 为沉积物水界面热通量，$\text{W} \cdot \text{m}^{-2}$。

水温计算基于热量守恒定律，热量和温度与水体比热有关。由净热通量变化导致的水温变化计算公式为

$$\rho_{\text{w}} C_{\text{pw}} \frac{\partial T_{\text{w}}}{\partial t} = \frac{A_{\text{s}}}{V} q_{\text{net}} \tag{2.2}$$

式中：T_{w} 为水温，℃；t 为时间，s；ρ_{w} 为水体密度，$\text{kg} \cdot \text{m}^{-3}$；$C_{\text{pw}}$ 为水体比热，$\text{J} \cdot \text{kg}^{-1} \cdot \text{℃}^{-1}$；$V$ 为水柱体积，m^3；A_{s} 为水柱单元表面积，m^2；q_{net} 为净热通量。

水体密度取决于水体中溶解的盐类物质的量及水温。海水密度与净水密度略有不同，溶解盐类后使其凝固点和最大密度有所降低。水在 4℃ 时密度最大（$1\text{g}/\text{cm}^3$），水温高于或低于 4℃ 时，水密度均会低于 $1\text{g}/\text{cm}^3$。淡水水温—密度的计算公式为

$$\rho_{\text{w}} = 999.973 \left[1.0 - \frac{(T_{\text{w}} - 3.9863)^2 (T_{\text{w}} + 288.9414)}{508929.2 (T_{\text{w}} + 68.12963)} \right] \tag{2.3}$$

下文将会叙述通过用户给定气象数据计算式（2.1）中各项净热通量的方法。方程和机理的详细讨论见文献 Water Resources Engineers Inc.（1967），Brown 和 Barnwell（1987），Deas 和 Lowney（2000）。本节的大部分内容取自文献 HEC（2010a），以匹配原始水温模型中的动力学实现。

2.1.1　短波太阳辐射

到达地球表面的短波太阳辐射热通量 q_{sw} 可以通过太阳热量计直接测量。美国国家气象局的一些气象站记录短波太阳辐射。如果观测数据不可用，则 q_{sw} 可以通过用户指定的云遮挡系数、站点高程、气温、蒸汽压、灰尘系数等数据计算，其计算公式为

$$q_{\text{sw}} = q_0 \alpha_{\text{t}} (1 - R_{\text{s}})(1 - 0.65 C_{\text{L}}^2) \tag{2.4}$$

式中：q_0 为地外辐射，$\text{W} \cdot \text{m}^{-2}$；$\alpha_{\text{t}}$ 为大气衰减系数；R_{s} 为水面反射率；C_{L} 为云遮挡系数。

地外辐射 q_0 的计算公式为

$$q_0 = \frac{Q_0}{r^2} (\sin\phi \sin\delta + \cos\phi \cos\delta \cos h_{\text{r}}) \tag{2.5}$$

式中：Q_0 为太阳常数，$1360\text{W} \cdot \text{m}^{-2}$；$r$ 为地球轨道标准化半径（无量纲）；ϕ 为站点纬度，rad；δ 为太阳赤纬，rad；h_{r} 为太阳时角，rad。

大气衰减系数 α_{t} 是指到达水面的辐射扣除散射和吸收后的部分；反射系数 R_{s} 可以表示为太阳纬度的函数，反射系数受云遮挡的影响；太阳赤纬 δ 即太阳入射光与地球赤道平面之间的角度，是年内各天的函数。估算这一参数有多种方法（Water Resources Engineers Inc.，1967；Brown and Barnwell，1987）。短波太阳辐射 q_{sw} 通常在白天为正值，在夜间为 0。

2.1.2　大气长波辐射

长波辐射分为两类，即大气释放的沉降流辐射 q_{atm} 和水面释放的涌升流辐射 q_{b}。大

气释放的沉降流辐射指向水面，以"＋"表示，是气温的强函数。大气长波辐射受云层和大气颗粒物的影响，一般采用的经验计算公式为

$$q_{atm} = 0.937 \times 10^{-5}(1 + 0.17C_L^2)\sigma T_{ak}^6 \tag{2.6}$$

式中：σ 为斯特藩-玻尔兹曼常数，$W \cdot m^{-2} \cdot K^{-4}$；$T_{ak}$ 为气温，K。

短波太阳辐射和大气长波辐射净通量与水温无关，一般可表达为已知数据或实测数据的函数。

2.1.3 水面长波辐射

水面释放的涌升流辐射（水面长波辐射）以"－"表示，表示水体损失的热量。水面长波辐射净热通量 q_b 是水温的强函数，一般采用斯特藩-玻兹曼辐射定律进行计算，即

$$q_b = 0.97\sigma T_{wk}^4 \tag{2.7}$$

式中：T_{wk} 为水温，K。

2.1.4 潜热通量

与相变有关的热量称为潜热。能量增加（或损失）是由相变引起的，例如冷凝或蒸发。潜热通量的大小是水温和大气状况（包括水汽压力和大气紊流）的函数。潜热通量 q_1 与水面温度下饱和蒸汽压和气温下实际蒸汽压差值成正比，即

$$q_1 = \frac{0.622}{P}L\rho_w(e_s - e_a)f(u_w) \tag{2.8}$$

式中：P 为大气压，mb；L 为汽化潜热，是水温的函数，$J \cdot kg^{-1}$；e_s 为水面温度下饱和蒸汽压，是水温的函数；e_a 为上覆大气蒸汽压力，mb；u_w 为水面上一定高度的风速，$m \cdot s^{-1}$；$f(u_w)$ 为风函数。

饱和蒸汽压是特定温度下，自由水面蒸发凝结平衡状态下的最高水汽压，其计算的经验公式为

$$e_s = 6984.505294 + T_{wk}\left(-188.903931 + T_{wk}\left(2.133357675 + T_{wk}\left(-1.28858097 \times 10^{-2} + T_{wk}\left(4.393587233 \times 10^{-5} + T_{wk}\left(-8.023923082 \times 10^{-8} + T_{wk} \times 6.136820929 \times 10^{-11}\right)\right)\right)\right)\right) \tag{2.9}$$

蒸汽压是空气含水量的函数，但不是气温的函数。实际蒸汽压可以直接测量或者通过湿球或露点温度 T_d 计算。"$e_s - e_a$"可以表示为 $T_w - T_d$ 的函数（Edinger et al. 1974）。当 $T_w > T_d$ 时，水体蒸发，水体散热，q_1 为正值；相反地，当 $T_w < T_d$ 时，水体冷凝，水体吸热，q_1 为负值。

2.1.5 感热通量

感热通量用于描述空气和水面间的分子运动和紊流运动热交换。感热的增加或减少取决于垂向温度梯度。感热通量 q_h 的计算公式为

$$q_h = \left(\frac{K_h}{K_w}\right)C_p\rho_w(T_a - T_w)f(u_w) \tag{2.10}$$

式中：C_p 为恒压下空气比热容，$J \cdot kg^{-1} \cdot C^{-1}$；$T_a$ 为气温，℃；K_h/K_w 为扩散比（无量纲数）。

热传递的方向取决于水温和气温的相对大小。当气温大于水温时，q_h 为正值；当水温大于气温时，q_h 为负值。扩散比 K_h/K_w 可以用于区分潜热通量和感热通量，一般设置为固定值，但本模型的设置范围为 0.5～1.5，推荐设置为 0.9～1.1。

感热通量的风函数与潜热通量的风函数相比略有不同，然而多数水温应用采用了相同的风函数。风速函数用于描述水面和上覆空气（团）之间的紊动交换特征。风速函数是一个经验公式，通过 a、b、c 三个系数调节。

$$f(u_w) = f(R_i)(a + bu_w^c) \tag{2.11}$$

式中：a 为用户自定义系数，数量级为 10^{-6}，$mb^{-1} \cdot m \cdot s^{-1}$；$b$ 为用户自定义系数，数量级为 10^{-6}，$mb^{-1} \cdot m \cdot s^{-1}$；$c$ 为用户自定义系数，数量级为 1；$f(R_i)$ 为 Richardson 数的函数。

系数 a 表示垂向对流（包括风速为 0 的时候），通常比较小，仅当人工加热水体时作用较大。一般情况下，系数 b 随紊流强度的增强而变大，大气稳定时变小，变化幅度超过 50% （Fischer et al. 1979）。风速为 2m 高度的风速。任意高度风速转换为 2m 高度风速的计算公式为

$$u_{w2} = \frac{\ln(z/z_0)}{\ln(2/z_0)} u_w \tag{2.12}$$

式中：u_{w2} 为 2m 高度风速，$m \cdot s^{-1}$；z 为测站高度，m；z_0 为粗糙高度，m。

z_0 典型值为风速小于 $2.3 m \cdot s^{-1}$ 时，$z_0 = 0.001$，风速大于 $2.3 m \cdot s^{-1}$ 时，$z_0 = 0.005$，z_0 的变化范围为 0.00015～0.01m （Cole and Wells, 2008）。

$f(R_i)$ 是气温、水温和风速的函数，变化范围在 0.03 （极稳定状态）和 12.3 （不稳定状态）之间。当风函数中不使用 Richardson 数 R_i 时，风函数会低估不稳定大气状态的混合过程，进而导致表面通量计算值偏低；同样的，对稳定大气状态，会导致表面通量计算值偏大。R_i 是大气稳定性的度量，其计算公式为

$$R_i = \frac{2g(\rho_{air} - \rho_{sat})}{\rho_{air} u_w^2} \tag{2.13}$$

式中：g 为重力加速度（$9.806 m \cdot s^{-2}$）；ρ_{air} 为潮湿空气密度（在空气温度下），$kg \cdot m^{-3}$；ρ_{sat} 为饱和空气密度（在水温下），$kg \cdot m^{-3}$。

R_i 在大气稳定状态时为正值，不稳定状态时为负值，在中间状态时接近 0。通过 R_i 估算 $f(R_i)$ 的方式如下：

不稳定状态时 （$\rho_{air} > \rho_{sat}$）

$$f(R_i) = 12.3, \quad R_i \leqslant -1 \tag{2.14a}$$

$$f(R_i) = (1 - 22R_i)^{0.8}, \quad -1 < R_i \leqslant -0.01 \tag{2.14b}$$

中间状态时

$$f(R_i) = 1, \quad -0.01 < R_i < 0.01 \tag{2.14c}$$

稳定状态时

$$f(R_i) = (1 - 34R_i)^{-0.8}, \quad 0.01 \leqslant R_i < 2 \tag{2.14d}$$

$$f(R_i) = 0.03, \quad R_i \geqslant 2 \qquad (2.14e)$$

使用全能量平衡温度模拟模块时，需至少提供一组完整的气象数据，例如：短波太阳辐射、气压、气温、湿度、风速、云遮挡。由于气温和短波太阳辐射的波动剧烈，一般需要小时级别的气象数据。

2.1.6 沉积物—水界面热通量与沉积物温度

沉积物与水体之间的热交换较之大气与水面间的热交换要小，实际计算中经常忽略此项。但是，对于浅水来说，沉积物与水体之间的热交换非常重要。因此，全能量平衡模块中纳入了沉积物与水体之间的热交换。沉积物的温度模拟范围为从沉积物—水界面向下至用户指定深度。水温模拟模块中的沉积物温度源汇项都是与水体之间发生联系。沉积物热平衡的计算公式为

$$\rho_s C_{ps} \frac{dT_{sed}}{dt} = -\frac{q_{sed}}{h_2} \qquad (2.15)$$

其中，沉积物—水界面通量的表达式为

$$q_{sed} = \rho_s C_{ps} \frac{\alpha_s}{0.5 h_2}(T_{sed} - T_w) \qquad (2.16)$$

式中：T_{sed} 为沉积物温度，℃；h_2 为活性沉积层厚度，m；α_s 为沉积物热扩散系数，$m^2 \cdot s^{-1}$；ρ_s 为沉积物密度，$kg \cdot m^{-3}$；C_{ps} 为沉积物比热容，$cal \cdot kg^{-1} \cdot ℃^{-1}$。

式（2.15）表明，均匀混合沉积物层的热容量随时间的变化等于沉积物与上覆水体之间的热交换。沉积物—水界面热通量 q_{sed} 是水温、沉积物温度、沉积物比热容、沉积物热扩散系数的函数。

热扩散系数 α_s 用于表征沉积物热传导能力，对于特定的沉积物而言，α_s 不是常数，而是随深度和时间变化的，取决于沉积物孔隙率和沉积物含水量。Chapra 等（2008）提出了 α_s 的变化范围为 $0.002 \sim 0.012 cm^2/s$，推荐采用 $0.005 cm^2/s$。Chapra 等（2008）提出了不同沉积物的沉积物密度 ρ_s 和沉积物比热容 C_{ps}（表 2.1）。

表 2.1　　　　　　　不同沉积物的热传导特征（Chapra 等，2008）

材　料	热传导系数 /(cal·s⁻¹·cm⁻¹·℃⁻¹)	热扩散系数 /(cm²·s⁻¹)	ρ_s /(g·cm⁻³)	C_{ps} /(cal·g⁻¹·℃⁻¹)	$\rho_s C_{ps}$ /(cal·cm⁻³·℃⁻¹)
沉 积 物 样 本					
滩涂[a]	0.0044	0.0048			0.906
沙[a]	0.006	0.0079			0.757
泥沙[a]	0.0043	0.0051			0.844
烂泥[a]	0.0041	0.0045			0.903
湿沙[b]	0.004	0.007			0.57
23%含水量的沙[b]	0.0044	0.0126			0.345
湿泥煤[b]	0.0009	0.0012			0.717
岩石[d]	0.0042	0.0118			0.357
75%含水量的壤土[c]	0.0043	0.006			0.709

续表

材　料	热传导系数 /(cal·s^{-1}·cm^{-1}·℃$^{-1}$)	热扩散系数 /(cm^2·s^{-1})	ρ_s /(g·cm^{-3})	C_{ps} /(cal·g^{-1}·℃$^{-1}$)	$\rho_s C_{ps}$ /(cal·cm^{-3}·℃$^{-1}$)
沉 积 物 样 本					
湖泊胶状沉积物[e]	0.0011	0.002			0.55
凝结物[e]	0.0037	0.008			0.46
沉积物样本平均值	0.0037	0.0064			0.647
组 成 物 质					
水	0.0014	0.0014	1.00	0.999	1.000
黏土	0.0031	0.0098	1.49	0.210	0.310
干土	0.0026	0.0037	1.50	0.465	0.700
沙	0.0014	0.0047	1.52	0.190	0.290
湿土	0.0043	0.0045	1.81	0.525	0.950
花岗岩	0.0069	0.0127	2.70	0.202	0.540
沉积物样本平均值	0.0033	0.0061	1.67	0.432	0.632

a. Andrews and Rodvey, 1980.

b. Geiger, 1965.

c. Nakshabandi; Kohnke, 1965.

d. Chow et al. 1988; Carslaw and Jaeger, 1959.

e. Hutchinson, 1957; Jobson, 1977; Likens and Johnson, 1969.

全能量平衡水温模拟采用如下默认值：$\rho_s = 1.6\text{g·cm}^{-3}$，$C_{ps} = 0.4\text{cal·g}^{-1}\cdot\text{℃}^{-1}$，即 $\rho_s \cdot C_{ps} = 0.64\text{cal·cm}^{-3}\cdot\text{℃}^{-1}$。底层沉积物厚度默认为 10cm，以体现沉积物对水体的昼夜影响。

2.2　简化能量平衡

全能量平衡模拟过程中，所有热交换源汇项需要大量的变量和系数，现实中一般难以获取这些数据。Edinger 等（1974）通过露点温度、短波太阳辐射、风速等参数导出了近似热平衡，基于该近似热平衡，建立了简化能量平衡方法。这种方法简化了全能量平衡的数学关系，所需数据较少。方法假定平衡温度 T_{eq} 可以在静态气象条件下达到。假定净热输入 $K_T(T_{eq} - T_w)$ 与实际温度 T_w 和平衡温度之差成正比。此时，水温变化取决于净热通量变化，其计算公式为（Thomann and Mueller，1987）

$$\rho_w C_{pw} = \frac{\partial T_w}{\partial t} = \frac{A_s}{V} K_T (T_{eq} - T_w) \tag{2.17}$$

式中：K_T 为总体热交换系数，W·m^{-2}·℃$^{-1}$；T_{eq} 为平衡温度，℃。

总体热交换系数 K_T 采用经验公式计算，计算时需风速、露点温度、水温等数据（Edinger et al. 1974），即

$$K_T = 4.5 + 0.05 T_w + \beta \cdot f(u_w) + 0.47 f(u_w) \tag{2.18}$$

风函数和 β 的计算公式为

$$f(u_\text{w}) = 9.2 + 0.46 u_\text{w7}^2 \tag{2.19}$$

$$\beta = 0.35 + 0.015 \frac{T_\text{d} + T_\text{w}}{2} + 0.0012 \left(\frac{T_\text{d} + T_\text{w}}{2}\right)^2 \tag{2.20}$$

式中：u_w7 为 7m 高度风速，$\text{m} \cdot \text{s}^{-1}$。

7m 高度风速可以通过用户定义的 2m 高度风速计算。平衡温度是水温模拟中十分重要的概念。平衡温度可以在恒定气象条件下达到。恒定气象条件是指气象条件不随时间和空间变化，水温为一个对应于恒定气象条件的恒定值。平衡温度 T_eq 可以通过经验公式计算，所需参数包括总体热交换系数 K_T、露点温度 T_d 和短波太阳辐射 q_sw，即

$$T_\text{eq} = T_\text{d} + \frac{q_\text{sw}}{K_\text{T}} \tag{2.21}$$

露点温度是指空气饱和时的空气温度（在固定气压之下，空气中所含的气态水达到饱和而凝结成液态水所需要降至的温度）。实际蒸汽压为在露点温度时的饱和蒸汽压。空气越干燥，空气温度与露点温度相差越大。应用简化能量平衡模块时，所需气象数据至少包括露点温度、风速、短波太阳辐射。

2.3　温度修正系数

反应系数和速率通常是在实验室在 20℃时测得，当这些反应速率用于特定水温时需要进行修正。NSMs 模块中多数随温度变化的水质速率通过改进的 Arrhenius 公式修正，即

$$k(T) = k(20)\theta^{T_\text{w}-20} \tag{2.22}$$

式中：$k(T)$ 为局部温度动力学速率，d^{-1}；$k(20)$ 为 20℃时测得的动力学速率，d^{-1}；θ 为温度修正系数。

温度修正系数 θ 通常在 1.01 到 1.10 之间变化。利用用户定义的 20℃时的动力学速率，通过式（2.22）可计算出局部温度—动力学速率（图 2.2）。

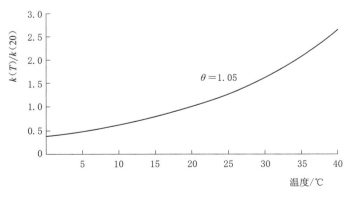

图 2.2　Arrhenius 公式的温度—动力学速率关系

第 3 章

营 养 盐 模 拟 模 块 Ⅰ

3.1 概要

营养盐模拟模块Ⅰ（NSMⅠ模块）使用最少的变量通过简化的过程模拟水体富营养化。NSMⅠ模块的算法部分采用并改进 QUAL2E（Brown and Barnwell，1987）、QUAL2K（Chapra et al. 2008）、WASP（Wool et al. 2006）和 CE‐QUAL‐RIV1（EL 1995a）等三个模型的算法。QUAL2E 和 QUAL2K 为一维恒定河流水质模型。QUAL2E 可以模拟 15 种组分，主要包括保守性矿物质、藻类、氨、亚硝酸盐、硝酸盐、有机氮、磷酸盐、有机磷、CBOD、DO 和大肠杆菌等。QUAL2K 增加了微软的 Excel 图形用户界面，是 QUAL2E 的升级版本，模拟的组分包括：氨、硝酸盐、有机氮、无机磷、有机磷、CBOD、DO、藻类、pH 和大肠杆菌等，可以显式模拟底栖藻类和沉积物—水交互反应，沉积物—水界面的 DO 和营养盐通量为内部计算而非人为设定。WASP 模型是用于模拟营养盐、污染物在地表水输移和扩散的通用动态质量守恒框架，可以进行一维、二维和三维的标准富营养化、高级富营养化、简单有毒物质和汞动力学模拟。标准富营养化模块用于预测营养盐、浮游植物、固着生物、CBOD 和 DO 动力学模拟。CE‐QUAL‐RIV1（RIV1）是一维河流水动力水质模型，模拟的水质组分包括：水温、DO、CBOD、有机氮、氨、硝酸盐、有机磷、正磷酸盐、大肠杆菌、溶解态铁和溶解态锰等，还可以模拟藻类和大型水生植物对水质的影响。NSMⅠ模块使用了以上各模型的一些算法和公式。

NSMⅠ模块模拟的水质状态变量和主要过程如图 3.1 所示。氮循环过程的状态变量包括有机氮、氨氮和硝酸盐 3 个。磷循环过程的状态变量包括有机磷和无机磷。碳循环过程的状态变量包括颗粒态有机碳、溶解态有机碳和溶解态无机碳。NSMⅠ模块也可以模拟 CBOD、病原体和碱度。NSMⅠ不能模拟沉积物过程，而以模拟沉积物需氧量（SOD）和沉积物释放无机营养盐代替。

NSMⅠ模块最多可以模拟 16 个状态变量，见表 3.1。所有的状态变量可以开启或关闭，使用起来灵活性强，但要明确选择"开启"或"关闭"。选择开启时，模型将在每个时间步长上计算与这些状态变量有关的所有内部源汇项；选择关闭时，将不再计算。对于关闭的状态变量，无需提供任何参数、边界浓度或初始条件。

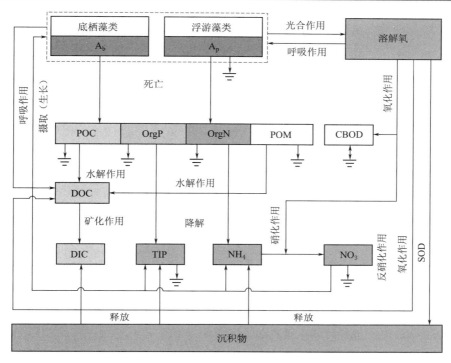

图 3.1　NSMⅠ模块模拟的水质状态变量和主要过程

表 3.1　　　　　　　　　　　　　　NSMⅠ模块的状态变量

变量	定义	单位	选项
A_p	藻类（浮游植物）	$\mu g - Chla \cdot L^{-1}$	On/Off
A_b	底栖藻类生物量	$g - D \cdot m^{-2}$	On/Off
$OrgN$	有机氮	$mg - N \cdot L^{-1}$	On/Off
NH_4	铵	$mg - N \cdot L^{-1}$	On/Off
NO_3	硝酸盐氮	$mg - N \cdot L^{-1}$	On/Off
$OrgP$	有机磷	$mg - P \cdot L^{-1}$	On/Off
TIP	总无机磷	$mg - P \cdot L^{-1}$	On/Off
POC	颗粒态有机碳	$mg - C \cdot L^{-1}$	On/Off
DOC	溶解态有机碳	$mg - C \cdot L^{-1}$	On/Off
DIC	溶解态无机碳	$mol \cdot L^{-1}$	On/Off
POM	颗粒态有机物	$mg - D \cdot L^{-1}$	On/Off
POM_2	沉积物中颗粒态有机质	$mg - D \cdot L^{-1}$	On/Off
$CBOD_i$	碳化生化需氧量	$mg - O_2 \cdot L^{-1}$	$0 - 10$
DO	溶解氧	$mg - O_2 \cdot L^{-1}$	On/Off
PX	病原体	$cfu/(100mL)$	On/Off
Alk	碱度	$mg - CaCO_3 \cdot L^{-1}$	On/Off

1. 单位列中的 Chla、D、C、N、P 和 O_2 分别指叶绿素 a、干重、碳、氮、磷和氧气。

2. 菌落形成单位（CFU）是对细菌数量的度量。

3.2 化学计量比

水质模型要用到藻类过程与导致其他状态变量（碳、氮、磷）产生或消耗过程之间的化学计量比。多数水质模拟研究将 Redfield 比率（雷德菲尔德比率）（Redfield，1958）用于资料缺乏的特定区域情况。

碳（C）、氮（N）、磷（P）的化学当量克质量与藻类干重的关系为

$$100 \text{ g} - \text{D} : 40 \text{ g} - \text{C} : 7.2 \text{ g} - \text{N} : 1 \text{ g} - \text{P}$$

上述 Redfield 比率表明，碳（C）占水生植物干重的 40%，通常通过测量叶绿素 a 估算藻类生物量，藻类生物量单位为 $\mu\text{g} - \text{Chla} \cdot \text{L}^{-1}$ 或者 $\text{mg} - \text{Chla} \cdot \text{m}^{-3}$，这样化学计量比关系可写成

$$100 \text{ g} - \text{D} : 40 \text{ g} - \text{C} : 7.2 \text{ g} - \text{N} : 1.0 \text{ g} - \text{P} : (0.4 \sim 1.0) \text{g} - \text{Chla}$$

由于藻类营养状况的不同，叶绿素 a 的变化幅度很大（Harris，1986）。光照少的水体中藻类叶绿素 a 的含量比较高，藻类 C 与叶绿素 a 的比例（C：Chla）一般为 $50 \sim 100$。

N、P、C 及生物量干重可以通过化学计量比转换为叶绿素 a 或者其他单位。这些比率在 NSM I 模块内部进行计算，详见表 3.2。

表 3.2　　　　　　　　　　　NSM I 模块内部计算的化学计量比

符号	定义	单位	公式[①]
r_{na}	藻类 N 与叶绿素 a 之比	$\text{mg} - \text{N}/\mu\text{g} - \text{Chla}$	$r_{na} = AW_n / AW_a$
r_{pa}	藻类 P 与叶绿素 a 之比	$\text{mg} - \text{P}/\mu\text{g} - \text{Chla}$	$r_{pa} = AW_p / AW_a$
r_{ca}	藻类 C 与叶绿素 a 之比	$\text{mg} - \text{C}/\mu\text{g} - \text{Chla}$	$r_{ca} = AW_c / AW_a$
r_{da}	藻类 D 与叶绿素 a 之比	$\text{mg} - \text{D}/\mu\text{g} - \text{Chla}$	$r_{da} = AW_d / AW_a$
r_{cd}	藻类 C 与 D 之比	$\text{mg} - \text{C}/\text{mg} - \text{D}$	$r_{cd} = AW_c / AW_d$
r_{oc}	氧化作用中 O_2 与 C 之比	$\text{mg} - O_2/\text{g} - \text{C}$	$r_{oc} = 32/12$
r_{on}	硝化作用中 O_2 与 N 之比	$\text{mg} - O_2/\text{g} - \text{N}$	$r_{on} = 2 \times 32/14$
r_{nb}	底栖藻类 N 与 D 之比	$\text{mg} - \text{N}/\text{mg} - \text{D}$	$r_{nb} = BW_n / BW_d$
r_{pb}	底栖藻类磷与干重之比	$\text{mg} - \text{P}/\text{mg} - \text{D}$	$r_{pb} = BW_p / BW_d$
r_{cb}	底栖藻类碳与干重之比	$\text{mg} - \text{C}/\text{mg} - \text{D}$	$r_{cb} = BW_c / BW_d$
r_{ab}	底栖藻类中叶绿素 a 与藻类干重之比	$\mu\text{g} - \text{Chla}/\text{mg} - \text{D}$	$r_{ab} = BW_a / BW_d$

① 符号定义见表 3.5。

表 3.2 中也包含了与 O_2 有关的化学计量比。O_2 生成及消耗的化学计量比通过植物光合作用和呼吸作用的典型化学反应导出（Chapra，1997）。有机物碳氧化消耗氧气的摩尔比为 $1:1$，即 $32/12\text{g} - O_2 : 1\text{g} - \text{C}$。藻类光合作用产生 O_2 的摩尔比为 $1:1$，即 $32/12\text{g} - O_2 : 1\text{g} - \text{C}$。硝化作用消耗 O_2 摩尔比为 $2:1$，即 $2 \cdot 32/14\text{g} - O_2 : 1\text{g} - \text{N}$。

3.3 藻类[1]

水生植物是营养盐循环的中心，其生长繁殖可导致水质恶化或富营养化，可以通过浮游植物浓度估计水生环境富营养化的可能性并作为潜在问题的指示指标。水生植物包括两大类：①随水流游动类；②着生类。由于两类水生植物都能影响 DO 及营养盐循环，同时藻类过量问题也被关注，因此两类水生植物都作为水质模型的状态变量。第一类包括微小的浮游植物及随水流动的水草及类似植物。NSM Ⅰ 模块和 NSM Ⅱ 模块将此类植物一律作为藻类。水质模型中主要使用两类方法模拟浮游藻类（Bowie et al. 1985），即：①将所有藻类作为单一组分；②将藻类分为几组，例如绿藻、蓝藻、硅藻等。NSM Ⅰ 模块使用第一种方法，NSM Ⅱ 模块使用第二种方法。

藻类生物量的估算方法有 3 种：①叶绿素 a 定量；②测量碳生物量（无灰干质量）；③测量颗粒态有机碳。

叶绿素 a 通过测量所有藻类共同的光合色素获取。第二种和第三种方法测量过滤水样。NSM Ⅰ 模块和 NSM Ⅱ 模块模拟藻类生物量变化时，均以 mg-Chla/L 为单位表征浮游植物；而以 g-D/m^2 为单位表征底栖藻类。由于底栖藻类可以吸附无机沉积物，因此测量其无灰干质量很重要。

3.3.1 藻类动力学

藻类的源项包括光合作用及生长，汇项包括呼吸作用、死亡及沉淀。光合作用是藻类利用光照将 CO_2 转换成有机物并释放 O_2 的过程。呼吸作用与光合作用相反，即呼吸过程消耗光合作用的产物。光合作用需要光，因此只发生在白天；而呼吸作用全天 24h 均发生。藻类死亡产生的有机质在降解时也需要 DO。藻类呼吸及分解需要大量的氧。藻类生长速率、生产速率、呼吸速率、死亡速率通过时间步长上的藻类生物量变化导出。藻类生物量内部源（＋）汇（－）项方程可以写成如下形式：

$$\frac{dA_p}{dt} = \mu_p A_p \qquad \text{Algal growth}$$
$$-k_{rp}(T) \cdot A_p \qquad \text{Algal respiration}$$
$$-k_{dp}(T) \cdot A_p \qquad \text{Algal mortality}$$
$$-\frac{v_{sa}}{h} A_p \qquad \text{Algal settling} \qquad (3.1a)$$

式中：A_p 为以叶绿素 a 表示的藻类生物量，$\mu g\text{-}Chla \cdot L^{-1}$；$\mu_p$ 为藻类生长速率，d^{-1}；$k_{rp}(T)$ 为藻类呼吸速率，d^{-1}；$k_{dp}(T)$ 为藻类死亡速率，d^{-1}；v_{sa} 为藻类沉降速率，$m \cdot d^{-1}$。

藻类模拟时通过式（3.1b）将以上指标转换为干重生物量。

$$A_{pd} = r_{da} A_p \qquad (3.1b)$$

式中：r_{da} 为藻类干重和叶绿素 a 的比例，$mg\text{-}D/\mu g\text{-}Chla$；$A_{pd}$ 为藻类干重，$mg\text{-}D \cdot L^{-1}$。

---

[1] 下文中，除特殊说明外，"藻类"指狭义上的藻类，以及浮游藻类，与"底栖藻类"含义不同，译者注。

3.3.2 藻类生长速率

藻类生长速率取决于 3 个基本因素:温度、光照、营养盐(铵盐、硝酸盐、无机磷)。同许多水质模型一样,限制温度、光照及营养盐的影响可以用于修正最大生长速率。NSMⅠ模块中计算藻类生长速率的方法有 3 种:①乘积法;②限制营养盐法;③调和平均数法。

(1)乘积法选项。本选项将光照、氮、磷三个限制生长的因子的乘积作为对局部藻类生长速率的净影响。各限制因子相互独立,在理想条件下各因子具有唯一值。如果不是理想条件,则给出一个小数值。本选项在光合作用酶作用的过程中具有生物学基础。藻类生长速率的表达式为

$$\mu_p = \mu_{mxp}(T)FL \cdot FN \cdot FP \tag{3.2}$$

式中:$\mu_{mxp}(T)$ 为最大藻类生长速率,d^{-1};FL 为藻类生长光照限制因子(0~1.0);FN 为藻类生长氮限制因子(0~1.0);FP 为藻类生长磷限制因子(0~1.0)。

(2)限制营养盐法选项。本选项通过光照限制和氮限制(或磷限制)计算局部藻类生长速率。营养盐影响和光照影响因子相乘,但是营养盐影响使用最小限制因子替换。本方法模拟了 Liebig 最小因子定律。藻类生长速率的表达式为

$$\mu_p = \mu_{mxp}(T)FL \cdot \min(FN, FP) \tag{3.3}$$

(3)调和平均数法选项。调和平均数法在数学上类似于两个并联电阻的总电阻,是乘积法和限制营养盐法的折中方法。藻类生长速率受光照和营养盐乘积关系的影响,而营养盐限制通过调和平均表示。藻类生长速率的表达式为

$$\mu_p = \mu_{mxp}(T)FL \frac{2}{\dfrac{1}{FN} + \dfrac{1}{FP}} \tag{3.4}$$

3.3.2.1 光照限制

光是光合作用和藻类生长的重要控制因子,这里的“光”特指波段在 400~700nm 的光合有效辐射。基于光合有效辐射强度,藻类生长光照限制因子通过以下三种函数之一计算:半饱和函数(Baly,1935)、Smith 函数(Smith,1936)、Steele 函数(Steele,1962)。QUAL2E 和 QUAL2K 模型也是使用了这三种函数。三种函数在数学关系上均表明随着光照强度增大,光合作用速率均会达到最大值或者饱和值(图 3.2)。

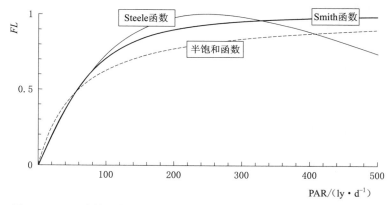

图 3.2 用于计算藻类生长光限制因子的三种函数(Chpara et al. 2008)

半饱和函数为

$$FL_z = \frac{I_z}{K_L + I_z} \qquad (3.5)$$

Smith 函数为

$$FL_z = \frac{I_z}{(K_L^2 + I_z^2)^{0.5}} \qquad (3.6)$$

Steele 函数为

$$FL_z = \frac{I_z}{K_L} \exp\left(1 - \frac{I_z}{K_L}\right) \qquad (3.7)$$

式中：FL_z 为水深 z 处的藻类生长速率光照限制因子；I_z 为水深 z 处的光合有效辐射强度，$W \cdot m^{-2}$，波长在 $400 \sim 700nm$ 的光辐射；K_L 为藻类生长光照限制常数，$W \cdot m^{-2}$。

水柱中各深度均会发生光合作用，根据 Beer – Lambert 定律，光随水深增加呈指数衰减，即

$$I_z = I_0 \exp(-\lambda \cdot z) \qquad (3.8)$$

式中：I_0 为水面光照强度，$W \cdot m^{-2}$；λ 为光衰减系数，m^{-1}；z 为水深（水面下距离水面的距离），m。

水面光照强度 I_0 是可见光的一部分，通常假定为热平衡计算中短波太阳辐射的固定比例。短波太阳辐射入射通常由气象站直接测定，也可以在水温模块中通过区域位置、年份及云遮挡系数在温度模块进行模拟计算。可见光大致为短波太阳辐射计算值或观测值的一半（Chapra et al. 2008），即

$$I_0 = 0.47 q_{sw} \qquad (3.9)$$

式中：q_{sw} 为短波太阳辐射入射，$W \cdot m^{-2}$。

光照限制因子在水深上作垂向平均。将式（3.8）分别代入式（3.5）和式（3.6），沿水深积分得出下列平均深度的光照限制因子。

半饱和函数为

$$FL = \frac{1}{\lambda \cdot h} \ln\left(\frac{K_L + I_0}{K_L + I_0 \cdot e^{-\lambda \cdot h}}\right) \qquad (3.10)$$

Smith 函数为

$$FL = \frac{1}{\lambda \cdot h} \ln\left[\frac{\frac{I_0}{K_L} + \sqrt{1 + \left(\frac{I_0}{K_L}\right)^2}}{\frac{I_0}{K_L} e^{-\lambda \cdot h} + \sqrt{1 + \left(\frac{I_0}{K_L} e^{-\lambda \cdot h}\right)^2}}\right] \qquad (3.11)$$

Steele 函数为

$$FL = \frac{2.718}{\lambda \cdot h}\left[e^{-\left(\frac{I_0}{K_L}\right)e^{-\lambda \cdot h}} - e^{-\left(\frac{I_0}{K_L}\right)}\right] \qquad (3.12)$$

这些光照函数的优缺点已被多人讨论（Platt et al. 1981；Field and Effler，1982），当认为光抑制作用影响较小时，Smith 函数比半饱和函数要更为合适。

3.3.2.2　限制营养盐法

不同藻类所需营养盐（铵盐、氮、磷）含量不同，且差距悬殊。营养盐限制因子取决于碳、氮、磷的浓度。通常碳会过量供应，因此 NSM I 模块中不考虑碳。藻类能够吸收存储足够的营养以供生长。然而，如果水华发生时间不是关键，则细胞内储存的营养盐在模型中可以被忽略，假设化学计量为常数，模型将简化很多（Park and Clough，2010）。因此，同其他许多模型一样，NSM I 模块采用了外部浓度营养盐限制。藻类生长营养盐限制取决于最主要的单一营养盐，其中藻类生长遵循最主要营养盐的半饱和函数动力学关系。半饱和函数广泛用于计算水体中营养盐限制和初级生产力。半饱和函数与水生植物类型有关，藻类生长与可利用溶解态营养盐有关。NSM I 模块中的半饱和函数可以估算无机氮、磷，用其最小值修正藻类生长速率。对于氮类，假定藻类可以利用氨氮、硝态氮两类。影响藻类生长速率的氮限制因子表达式为

$$FN = \frac{NH_4 + NO_3}{K_{sN} + (NH_4 + NO_3)} \tag{3.13}$$

类似地，影响藻类生长速率的磷限制因子表达式为

$$FP = \frac{DIP}{K_{sP} + DIP} \tag{3.14}$$

式中：NH_4 为氨氮含量，$mg - N \cdot L^{-1}$；NO_3 为硝氮含量，$mg - N \cdot L^{-1}$；DIP 为溶解态无机磷含量，$mg - P \cdot L^{-1}$；K_{sN} 为藻类生长半饱和氮限制因子常数，$mg - N \cdot L^{-1}$；K_{sP} 为藻类生长半饱和磷限制因子常数，$mg - P \cdot L^{-1}$。

3.3.3　光衰减系数

光衰减是由水柱本身和水柱内物质的散射或吸收导致光照强度随深度增加而减小。藻类及底栖藻类的可利用光照取决于水深及光衰减速率。光衰减速率描述了水柱内光照强度随深度增加而减少的现象，可以通过几个局部衰减系数的加和得到，局部衰减系数取决于悬浮颗粒物浓度及其光学属性。光衰减系数主要考虑如下影响：水体自身，植物遮蔽，悬移质与颗粒态有机质、藻类。基准基础衰减是指由于水体颜色而非悬浮物或藻类导致的衰减。基于水柱颗粒态有机物（POC）考虑有机物对光衰减的影响，光衰减系数的计算公式为（Chapra et al. 2008）

$$\lambda = \lambda_0 + \lambda_s \sum m_n + \lambda_m POM + \lambda_1 A_p + \lambda_2 (A_p)^{\frac{2}{3}} \tag{3.15}$$

式中：λ_0 为背景光衰减系数，m^{-1}；λ_s 为无机悬浮物光衰减系数，$L \cdot mg^{-1} \cdot m^{-1}$；$\lambda_m$ 为有机质光衰减系数，$L \cdot mg^{-1} \cdot m^{-1}$；$\lambda_1$ 为藻类线性光衰减系数，$m^{-1} \cdot (\mu g - Chla \cdot L)^{-1}$；$\lambda_2$ 为藻类非线性光衰减系数，$m^{-1} \cdot (\mu g - Chla \cdot L)^{-2/3}$；$POM$ 为颗粒态有机物，$mg - D \cdot L^{-1}$；m_n 为第 n 类无机悬浮物系数，$mg \cdot L^{-1}$。

式（3.15）中的 m_n 不包括有机质。悬浮物浓度可以通过无机颗粒模块 sand - silt - clay 计算。如果悬浮物量有所增加，包括水柱中悬浮有机质和悬浮无机质，则 λ_s 和 λ_m 的默认值需修正。水样中有机质和无机质的比例可以用不同的方法估算（APHA，1992）。

3.3.4　固态无机磷分配

吸附作用对水生系统中无机磷的迁移转化起着重要作用。较之其他环境过程吸附反应通常是快速的，故模型中采用了平衡分配假定。基于平衡分配假定，无机磷在悬浮物及水

中的分布可以用线性吸附等温线来描述。模型中计算颗粒态及溶解态无机磷的公式为

$$f_{dp} = \frac{1}{1 + 10^{-6} \sum k_{dpo4n} m_n} = 1 - f_{pp} \tag{3.16}$$

式中：f_{dp} 为溶解态无机磷（$0 \sim 1.0$）；f_{pp} 为颗粒态无机磷（$0 \sim 1.0$）；k_{dpo4n} 为第 n 类固体中无机磷分配系数，L/kg。

分配系数 k_{dpo4} 是指吸附在悬浮物上的无机磷浓度（单位质量悬浮物所含的化学质量）与水中溶解态无机磷（单位质量水体所含的化学质量）的比例，单位为 L/kg。文献中发现磷酸盐分配系数的变化范围很广。

3.4 底栖藻类

底栖藻类是指生活在底层或与基质共生的藻类（Stevenson，1996）。基质可以是天然的，也可以是人工的。水生环境中，底栖藻类是植食性无脊椎动物的食物来源，而无脊椎动物是鱼类的食物来源（Finlay et al. 2002）。淡水底栖藻类以蓝藻、绿藻、硅藻和红藻（Stevenson，1996）为主。"periphyton"有时指底栖藻类，有时指整个微生物群落（包括藻类、细菌、真菌、原生动物）。在 NSM I 和 NSM II 模块中，"底栖藻类"（"*benthic algae*"）特指底部的藻类群体（即上述的第一类含义，译者注）。

底栖藻类有多种影响水质的方式，需考虑这些影响以正确评估水质状况。底栖藻类生长包括无机营养盐摄取、DO 产生、碱度影响；藻类死亡产生有机质。底栖藻类模拟与藻类模拟的主要不同之处如下：

（1）底栖藻类不随水流移动。

（2）底栖藻类一般位于底部或接近底部，因此，底栖藻类不受水柱平均光照的影响，但受直接到达底部（基质）的光线的影响。

（3）底栖藻类生长受可供生长基质的限制，着生植物通常有一个最大密度。

3.4.1 底栖藻类动力学

NSM I 模块有一个表征底栖藻类的状态变量，底栖藻类生物量通常用 AFDM 或光合色素含量（如叶绿素 a）测定，模拟时采用单位底面积密度（$g - D/m^2$）表示。底栖藻类生物量随时间变化的质量守恒公式为

$$\frac{dA_b}{dt} = \mu_b A_b \text{（底栖藻类生长）} \tag{3.17}$$

$$- k_{rb}(T) \cdot A_b \text{（底栖藻类呼吸）}$$

$$- k_{db}(T) \cdot A_b \text{（底栖藻类死亡）}$$

式中：A_b 为底栖藻类生物量，$g - D \cdot m^{-2}$；μ_b 为底栖藻类生长速率，d^{-1}；$k_{rb}(T)$ 为底栖藻类呼吸速率，d^{-1}；$k_{db}(T)$ 为底栖藻类死亡速率，d^{-1}。

将底栖藻类生物量转换成叶绿素 a 的计算公式为

$$Chlb = r_{ab} A_b \tag{3.18}$$

式中：r_{ab} 为底栖叶绿素 a 与藻类干重比率，$\mu g - Chla/mg - D$；$Chlb$ 为底栖叶绿素 a，$mg - Chla \cdot m^{-2}$。

转换因子为叶绿素 a 和 AFDM 的比值。底栖藻类的生长、呼吸、死亡大致遵循上文讨论的浮游植物的公式。

3.4.2 底栖藻类生长速率

底栖藻类生产力是与光照强度、温度和营养盐浓度有关的函数。底栖藻类生长速率取决于部分限制性资源的可利用程度，例如光照、营养盐（氮和磷），以及底部区域密度（空间）。模拟时将这些影响因素作为降低藻类最大生长速率的限制因子。有两组可选的计算底栖藻类生长速率的公式：①乘积法；②营养盐限制法。除空间限制因素外，这些公式与 3.3 节藻类的类似。

乘积法选项为

$$\mu_b = \mu_{mxb}(T)(FL_b)(FN_b)(FP_b)(FS_b) \tag{3.19}$$

式中：$\mu_{mxb}(T)$ 为底栖藻类最大生长速率，d^{-1}；FL_b 为底栖藻类生长光照限制因子（0～1.0）；FN_b 为底栖藻类生长氮限制因子（0～1.0）；FP_b 为底栖藻类生长磷限制因子（0～1.0）；FS_b 为底栖藻类生长底部空间密度限制因子（0～1.0）。

营养盐限制选项为

$$\mu_b = \mu_{mxb} FL_b \cdot \min(FN_b, FP_b) \cdot FS_b \tag{3.20}$$

温度限制因子通过 Arrhenius 公式计算，光照限制因子计算有 3 个可选项，营养盐限制取决于水生系统中的氮磷浓度。

3.4.2.1 光照影响

光照对底栖藻类生长速率影响的模拟同藻类模拟类似，不同之处在于对于底栖藻类而言，光照强度采用的是平均河道深度的光照强度，而不是沿水深积分值。底栖藻类生长光限制因子取决于到达底部的光合有效辐射，其表达函数有三组：半饱和函数、Smith 函数、Steele 函数。

半饱和函数为

$$FL_b = \frac{I_0 e^{-\lambda h}}{K_{Lb} + I_0 e^{-\lambda h}} \tag{3.21}$$

Smith 函数为

$$FL_b = \frac{I_0 e^{-\lambda h}}{\sqrt{K_{Lb}^2 + (I_0 e^{-\lambda h})^2}} \tag{3.22}$$

Steele 函数为

$$FL_b = \frac{I_0 e^{-\lambda h}}{K_{Lb}} e^{\left(1 - \frac{I_0 e^{-\lambda h}}{K_{Lb}}\right)} \tag{3.23}$$

式中：K_{Lb} 为底栖藻类生长光照限制常数，$W \cdot m^{-2}$。

3.4.2.2 营养盐影响

底栖藻类生长的氮、磷限制因子的计算方法与藻类生长相同［式（3.13）和式（3.14）］，但用户可为底栖藻类提供不同的氮、磷限制因子半饱和常数。

$$FN_b = \frac{NH_4 + NO_3}{K_{sNb} + (NH_4 + NO_3)} \tag{3.24}$$

$$FP_b = \frac{DIP}{K_{sPb} + DIP} \tag{3.25}$$

式中：K_{sNb} 为底栖藻类生长氮限制因子半饱和常数，$mg-N \cdot L^{-1}$；K_{sPb} 为底栖藻类生长磷限制因子半饱和常数，$mg-P \cdot L^{-1}$。

3.4.2.3 底部密度影响

底栖藻类生长还受有关可利用基质的影响，包括岸边底部和可利用底部的区域。着生藻类通常呈现横向异质性，表现出浅水深度处密度较大。采用半饱和函数描述底栖藻类生长速率随其底部密度增大而减小的关系，即

$$FS_b = 1 - \frac{A_b}{K_{Sb} + A_b} \tag{3.26}$$

式中：K_{Sb} 为底栖藻类生长半饱和密度常数，$g-D \cdot m^{-2}$。

3.5 氮

NSM I 模拟了简化的氮循环过程，包括有机氮（OrgN）、氨氮（NH_4）、亚硝酸盐氮（NO_2）和硝酸盐氮（NO_3）的转化。在有氧的水体，从有机氮到氨氮、亚硝氮，最后到硝氮是逐步转化的。藻类和底栖藻类通过生长、呼吸和死亡过程参与氮循环（图 3.1）。藻类和底栖藻类均会吸收和释放营养盐，其死亡时，水解细菌迅速按一定比例和速率吸收营养物质。

3.5.1 有机氮

氮动力学需要有机氮的一些表征，这是污染负荷的重要组成部分。在 NSM I 模块中，将颗粒态有机氮（OrgN）和溶解态有机氮集合为一个状态变量。水柱中的有机氮由藻类和底栖藻类产生，藻类和底栖藻类的降解和沉积导致有机氮的减少。藻类死亡产生的有机氮通过一个化学计量系数表征的氮含量计算。如此，水柱有机氮的内部源（＋）汇（－）方程为

$$\begin{aligned}
\frac{\mathrm{d}OrgN}{\mathrm{d}t} &= k_{dp}(T) \cdot r_{na} \cdot A_p && \text{藻类死亡（}A_p \rightarrow OrgN\text{）} \\
&\quad - k_{on}(T) \cdot OrgN && \text{有机氮降解（}OrgN \rightarrow NH_4\text{）} \\
&\quad - \frac{v_{son}}{h} OrgN && \text{有机氮沉降（}OrgN \rightarrow Bed\text{）} \\
&\quad + \frac{1}{h} k_{db}(T) \cdot r_{nb} A_b F_w F_b && \text{底栖藻类死亡（}A_b \rightarrow OrgN\text{）}
\end{aligned} \tag{3.27}$$

式中：$OrgN$ 为有机氮，$mg-N \cdot L^{-1}$；r_{na} 为藻类氮与叶绿素 a 之比，$mg-N/\mu g-Chla$；$k_{on}(T)$ 为有机氮转化为氨氮的降解系数，d^{-1}；v_{son} 为有机氮沉降速度，$m \cdot d^{-1}$；r_{nb} 为氮与底栖藻类干重比例，$mg-N/mg-D$；F_w 为底栖藻类死亡后进入水柱的比例（0～1.0）；F_b 为可供底栖藻类生长的底部面积比例（0～1.0）。

由于有机氮是藻类的副产物，计算有机氮时需要根据藻类组成进行修正，并同总有机氮进行比较。"测量总有机氮"（TON）包括有机氮和藻类生物量中的氮，为与测量总有

机氮进行比较，藻类有机氮需加入到有机氮中。

3.5.2　氨氮

有机氮降解是水柱内氨氮的来源。氨氮被藻类和底栖藻类吸收并通过硝化作用转化为硝酸盐。硝化过程消耗氧气。藻类吸收速率取决于可利用氨氮和硝氮的比例。沉积物释放的氨氮可以指定，水柱中氨氮的源汇项方程为

$$\frac{\mathrm{d}NH_4}{\mathrm{d}t} = k_{\mathrm{on}}(T) \cdot OrgN \qquad \text{有机氮降解}(\mathrm{OrgN} \rightarrow \mathrm{NH_4})$$

$$- k_{\mathrm{nit}}(T) \cdot NH_4 \qquad \text{氨氮硝化过程}(\mathrm{NH_4} \rightarrow \mathrm{NO_3})$$

$$+ k_{\mathrm{rp}}(T) \cdot r_{\mathrm{na}} A_{\mathrm{p}} \qquad \text{藻类呼吸}(\mathrm{A_p} \rightarrow \mathrm{NH_4})$$

$$- F_1 \mu_{\mathrm{p}} r_{\mathrm{na}} A_{\mathrm{p}} \qquad \text{藻类吸收}(\mathrm{NH_4} \rightarrow \mathrm{A_p})$$

$$+ k_{\mathrm{rb}}(T) \cdot r_{\mathrm{nb}} A_{\mathrm{b}} \qquad \text{底栖藻类呼吸}(\mathrm{A_b} \rightarrow \mathrm{NH_4})$$

$$- \frac{1}{h} F_2 \mu_{\mathrm{b}} r_{\mathrm{nb}} A_{\mathrm{b}} F_{\mathrm{b}} \qquad \text{底栖藻类吸收}(\mathrm{NH_4} \rightarrow \mathrm{A_b})$$

$$+ \frac{r_{\mathrm{nh4}}}{h} \qquad \text{沉积物释放}(\mathrm{Bed} \leftrightarrow \mathrm{NH_4}) \qquad (3.28)$$

式中：$k_{\mathrm{nit}}(T)$ 为氨氮转化为硝氮的硝化速率，$\mathrm{d^{-1}}$；r_{nh4} 为沉积物释放氨氮的速率，$\mathrm{g\text{-}N \cdot m^{-2} \cdot d^{-1}}$；$F_1$ 为藻类从氨氮中吸收氮的比例因子（$0 \sim 1.0$）；F_2 为底栖藻类从氨氮中吸收氮的比例因子（$0 \sim 1.0$）。

由于生理原因，藻类倾向吸收的形态是氨氮。藻类和底栖藻类从水柱中吸收氨氮的计算公式为

$$F_1 = \frac{P_{\mathrm{N}} \cdot NH_4}{P_{\mathrm{N}} \cdot NH_4 + (1 - P_{\mathrm{N}}) NO_3} \qquad (3.29)$$

$$F_2 = \frac{P_{\mathrm{Nb}} \cdot NH_4}{P_{\mathrm{Nb}} \cdot NH_4 + (1 - P_{\mathrm{Nb}}) NO_3} \qquad (3.30)$$

式中：P_{N} 为藻类生长氨氮偏好系数；P_{Nb} 为底栖藻类生长氨氮偏好系数。

硝化过程分两个阶段：先是氨氮被氧化成亚硝氮，再是亚硝氮被氧化成硝氮。硝化过程的方程为

$$\mathrm{NH_4} + \frac{3}{2}\mathrm{O_2} \longrightarrow \mathrm{NO_2^-} + 2\mathrm{H^+}, \mathrm{NO_2^-} + \frac{1}{2}\mathrm{O_2} \longrightarrow \mathrm{NO_3^-}$$

上述硝化过程消耗的氧可按此式计算 $r_{\mathrm{on}} = 2 \times 32/14 = 4.57\mathrm{g\text{-}O_2/g\text{-}N}$。当溶解氧处于低水平时，硝化速率将减小，此时可以应用抑制校正因子进行修正（Brown and Barnwell, 1987）。

$$k_{\mathrm{nit}} = k_{\mathrm{nit}}(1 - \mathrm{e}^{-K_{\mathrm{NR}} \cdot DO}) \qquad (3.31)$$

式中：K_{NR} 为氧抑制校正因子（$0.6 \sim 0.7$），$\mathrm{mg\text{-}O_2 \cdot L^{-1}}$。

3.5.3　硝氮

由于亚硝氮的数量非常小，在 NSMs 模块中，将亚硝氮并入硝氮中。用硝氮（$\mathrm{NO_3}$）表示亚硝氮和硝氮的总和。水柱中的硝氮通过硝化作用生成而通过反硝化作用去除。硝氮用于光合作用过程。反硝化细菌在沉积物厌氧表层大量存在（Kusuda et al. 1994）。Pauer

和 Auer（2000）认为反硝化作用是一种基于沉积物的现象，而不是发生在水柱中。然而，反硝化作用在存在硝氮但可利用的氧很少的水柱中也可以发生（Di Toro，2001）。反硝化作用发生的理想条件是：硝氮含量高，可降解有机物充足、溶解氧含量低、温度高。反硝化作用受硝酸盐氮可利用性的限制，受溶解氧抑制。遵循其他水质模型模拟反硝化作用的惯例，NSM Ⅰ 也模拟了水柱中的反硝化作用。水柱内部的源汇方程为

$$\frac{dNO_3}{dt} = k_{nit}(T) \cdot NH_4 \qquad\qquad NH_4 \text{ 的硝化（} NH_4 \rightarrow NO_3 \text{）}$$

$$-\left(1 - \frac{DO}{K_{sOxdn} + DO}\right) k_{dnit}(T) \cdot NO_3 \quad NO_3 \text{ 的反硝化（} NO_3 \rightarrow \text{Loss）}$$

$$-(1 - F_1)\mu_p r_{na} A_p \qquad\qquad\qquad \text{藻类吸收（} NO_3 \rightarrow A_p \text{）}$$

$$-\frac{1}{h}(1 - F_2)\mu_b r_{nb} A_b F_b \qquad\qquad \text{底栖藻类吸收 } NO_3 \text{（} NO_3 \rightarrow A_b \text{）}$$

$$-\frac{v_{no3}}{h} NO_3 \qquad\qquad\qquad\qquad \text{沉积物的反硝化（} NO_3 \leftrightarrow \text{Bed）} \qquad (3.32)$$

式中：$k_{dnit}(T)$ 为反硝化速率，d^{-1}；K_{sOxdn} 为限制反硝化作用的氧半饱和常数，$mg - O_2 \cdot L^{-1}$；v_{no3} 为沉积物反硝化速度，$m \cdot d^{-1}$。

3.5.4　衍生变量

与氮类有关的衍生变量计算公式为

$$DIN = NH_4 + NO_3 \qquad\qquad\qquad\qquad (3.33a)$$

$$TON = OrgN + r_{na} \cdot A_p \qquad\qquad\qquad (3.33b)$$

$$TKN = NH_4 + TON \qquad\qquad\qquad\qquad (3.33c)$$

$$TN = NO_3 + TKN \qquad\qquad\qquad\qquad (3.33d)$$

式中：DIN 为溶解态无机氮，$mg - N \cdot L^{-1}$；TON 为总有机氮，$mg - N \cdot L^{-1}$；TKN 为总凯氏氮，$mg - N \cdot L^{-1}$；TN 为总氮，$mg - N \cdot L^{-1}$。

3.6　磷

磷循环过程比氮循环过程简单。NSM Ⅰ 可以模拟总有机磷、溶解态无机磷和颗粒态无机磷。磷循环包括无机磷的吸附和解吸。无机磷可以呈溶解态并吸附到悬浮颗粒物上（House et al. 1995）。在水体中，大部分磷呈现为颗粒态，这些颗粒态磷很容易通过矿化或解吸作用变为可利用磷（译者注：被植物利用）。然而，由于悬浮颗粒对磷的吸附，磷浓度经常伴随悬浮颗粒浓度的变化而变化（Ekholm et al. 2000），所以大部分与悬浮颗粒结合在一起的磷不能被利用。浮游藻类与底栖藻类的生长、呼吸、死亡循环过程如图 3.1 所示。

3.6.1　有机磷

NSM Ⅰ 中将有机磷（OrgP）作为一个单独的状态变量。在水体中，有机磷通过浮游藻类和底栖藻类产生，通过矿化和沉降作用减少。由藻类死亡产生的有机磷通过化学计量系数表示。水体内部有机磷源（＋）汇（－）方程为

$$\frac{\mathrm{d}OrgP}{\mathrm{d}t} = k_{dp}(T) \cdot r_{pa}A_p \qquad \text{藻类死亡}(A_p \rightarrow OrgP)$$

$$- k_{op}(T) \cdot OrgP \qquad \text{有机磷降解}(OrgP \rightarrow DIP)$$

$$- \frac{v_{sop}}{h}OrgP \qquad \text{有机磷沉降}(OrgP \rightarrow Bed)$$

$$+ \frac{1}{h}k_{db}(T) \cdot r_{pb}A_b F_w F_b \qquad \text{底栖藻类死亡}(A_b \rightarrow OrgP) \qquad (3.34)$$

式中：$OrgP$ 为有机磷，$mg-P \cdot L^{-1}$；r_{pa} 为藻类磷与叶绿素 a 之比，$mg-P/\mu g-Chl\,a$；$k_{op}(T)$ 为有机磷到溶解态无机磷的降解系数，d^{-1}；v_{sop} 为有机磷沉降速度，$m \cdot d^{-1}$；r_{pb} 为底栖藻中的磷与底栖藻干重比率，$mg-P/mg-D$。

为便于与总有机磷（TOP）测量值比较，还需要对计算出的有机磷进行藻类成分校正。总有机磷测量值包括有机磷和藻类生物量中的磷。

3.6.2　总无机磷

无机磷是水生植物的重要营养盐之一。在水生态系统中，磷通常供应不足而成为植物和藻类的限制性因子（Correll，1998；Carpenter et al. 1998）。正磷酸盐是水体中生物可利用磷的主要组成部分。随着 pH 值的不同，正磷酸盐表现为磷酸一氢盐（HPO_4^{2-}）和磷酸二氢盐（$H_2PO_4^-$），为方便，统一用磷酸盐（PO_4）表示。在描述水质时，无机磷通常指溶解态无机磷（DIP）或者过滤反应性磷（FRP）。无机磷极易被沉积物颗粒和有机质吸附，致使其不能作为可利用的营养盐（Tate et al. 1995）。无机磷通常被沉积物颗粒中的三价铁羟基氧化物吸附，此外还有氢氧化铝、氢氧化硅、锰氧化物和有机质。NSM I 模块可以模拟悬浮颗粒对无机磷的吸收。为了平衡，无机磷在颗粒态和溶解态之间的分布用线性平衡分配等温线表示。也就是说，NSM I 模块将总无机磷作为一个状态变量。

在水体中，藻类生长、颗粒物沉降可导致无机磷减少，沉积物释放、有机磷降解可导致无机磷增加；磷释放可以显著增加水体中的生物可利用磷。水柱中总无机磷的内部源汇方程为

$$\frac{\mathrm{d}TIP}{\mathrm{d}t} = k_{op}(T) \cdot OrgP \qquad \text{有机磷降解}(OrgP \rightarrow DIP)$$

$$- \frac{v_{sp}}{h}f_{pp}TIP \qquad \text{总无机磷净沉降}(TIP \rightarrow Bed)$$

$$+ k_{rp}(T) \cdot r_{pa}A_p \qquad \text{藻类呼吸}(A_p \rightarrow DIP)$$

$$- \mu_p r_{pa}A_p \qquad \text{藻类吸收}(DIP \rightarrow A_p)$$

$$+ k_{rb}(T) \cdot r_{pb}A_b \qquad \text{底栖藻类呼吸}(A_b \rightarrow DIP)$$

$$- r_{pb}\mu_b \frac{A_b}{h}F_b \qquad \text{底栖藻类吸收}(DIP \rightarrow A_b)$$

$$+ \frac{r_{po_4}}{h} \qquad \text{沉积物释放}(Bed \leftrightarrow DIP) \qquad (3.35)$$

式中：TIP 为总无机磷，$\mathrm{mg-P \cdot L^{-1}}$；$v_{\mathrm{sp}}$ 为悬浮物沉降速度，$\mathrm{m \cdot L^{-1}}$；$r_{\mathrm{po_4}}$ 为沉积物释放总无机磷速率，$\mathrm{g-P \cdot (m^2 \cdot d)^{-1}}$。

3.6.3 衍生变量

与磷有关的衍生变量计算如下：

$$DIP = f_{\mathrm{dp}} TIP \tag{3.36a}$$
$$TOP = OrgP + r_{\mathrm{pa}} \cdot A_{\mathrm{p}} \tag{3.36b}$$
$$TP = TIP + TOP \tag{3.36c}$$

式中：TOP 为总有机磷，$\mathrm{mg-P \cdot L^{-1}}$；$TP$ 为总磷，$\mathrm{mg-P \cdot L^{-1}}$。

3.7 颗粒有机质

碎屑或颗粒有机质（POM）是指水体中既能悬浮又能沉降的微小有机质。POM 的组成通常与浮游植物类似，是浮游动物和鱼类的食物。POM 在水生环境中可以参与多种过程，会伴随植物的死亡而增加，会通过溶解和沉降而减少。在 NSM I 模块中，当 POM 作为状态变量被关闭时，POM 作为代替变量，隐式模拟颗粒态有机碳。但是，NSM I 模块中，碎屑中的碳、氮、磷是分别作为状态变量的。水柱中 POM 的内部源汇项表示如下：

$$
\begin{aligned}
\frac{\mathrm{d}POM}{\mathrm{d}t} = {} & k_{\mathrm{dp}}(T) \cdot r_{\mathrm{da}} A_{\mathrm{p}} && \text{藻类死亡}(\mathrm{A_p \rightarrow POM}) \\
& -k_{\mathrm{pom}}(T) \cdot POM && \text{POM 溶解} \\
& -\frac{v_{\mathrm{som}}}{h} POM && \text{POM 沉降}(\mathrm{POM \rightarrow Bed}) \\
& +\frac{1}{h} k_{\mathrm{db}}(T) \cdot A_{\mathrm{b}} F_{\mathrm{b}} F_{\mathrm{w}} && \text{底栖藻类死亡}(\mathrm{A_b \rightarrow POM})
\end{aligned}
\tag{3.37}
$$

式中：$k_{\mathrm{pom}}(T)$ 为 POM 溶解速率数，$\mathrm{d^{-1}}$；v_{som} 为 POM 沉降速度，$\mathrm{m \cdot d^{-1}}$。

当水柱中 POM 沉降到底部沉积物中时，将转化为有机沉积物，沉积物中的 POM 是污染物模拟的关键变量，因此包含在 NSM I 模块中。沉积物 POM 由有机质和沉积物有机物组成，来源于藻类沉降和水体中的 POM。沉积物 POM 的速率变化由以下质量守恒方程决定，即

$$
\begin{aligned}
h_2 \frac{\mathrm{d}POM_2}{\mathrm{d}t} = {} & v_{\mathrm{som}} POM + v_{\mathrm{sa}} r_{\mathrm{da}} A_{\mathrm{p}} && \text{POM 沉积} \\
& +k_{\mathrm{db}}(T) \cdot A_{\mathrm{b}} F_{\mathrm{b}}(1-F_{\mathrm{w}}) && \text{底栖藻类死亡}(\mathrm{A_b \rightarrow POM_2}) \\
& -h_2 k_{\mathrm{pom2}}(T) \cdot POM_2 && \text{沉积物 POM 溶解} \\
& -w_2 POM_2 && \text{沉积物 POM 埋藏}
\end{aligned}
\tag{3.38}
$$

式中：h_2 为活性沉积物层厚度，m；POM_2 为沉积颗粒有机物，$\mathrm{mg \cdot L^{-1}}$；$k_{\mathrm{pom2}}(T)$ 为沉积物 POM 溶解速率，$\mathrm{d^{-1}}$；w_2 为沉积物埋藏速率，$\mathrm{m \cdot d^{-1}}$。

沉积物 POM 溶解会增加沉积物中氮、磷、碳的量，这些物质的释放过程可以在 NSM I 模块中模拟。

3.8 碳化生化需氧量（CBOD）

在 NSM I 和 NSM II 中均将碳化生化需氧量（CBOD）作为状态变量，本章对 CBOD 动力学的说明对 NSM I 模块和 NSM II 模块均适用，对 CBOD 或称为最终 CBOD（CBODU）进行模拟。生化需氧量（BOD）测量通常用 O_2 表示，在水质报告中很常见（Wool et al. 2006）。BOD 由 CBOD 和 NBOD（硝化生化需氧量）组成（图 3.3）。CBOD 是有机物的浓度，反映水体中有机碳被氧化时消耗溶解氧的量；NBOD 是有机物通过硝化细菌被氧化时的生物耗氧。由于硝化细菌生长滞后，CBOD 通常先于 NBOD 发生。因此，5 日生化需氧量（BOD_5）通常等于 5 日碳化生化需氧量（$CBOD_5$）。

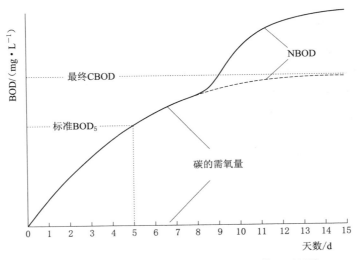

图 3.3 典型耗氧曲线（Thomann and Mueller，1987）

在 NSM I 模块和 NSM II 模块中，可以根据 CBOD 降解速率的不同将其分组模拟（最多 10 组），这可以更加精细地表示不同 CBOD 及其对 DO 影响的不同特征。模型没有考虑藻类对 CBOD 的影响。由于沉积、冲刷和絮凝作用，CBOD 仅受到一阶氧化和沉积作用的影响，而不发生 QUAL2E 所产生的耗氧过程（Brown and Barnwell，1987）。CBOD 模拟作为 DO 模拟的内部组成部分，缺氧时 CBOD 耗氧将停止。

水柱中 CBOD 内部源汇项方程为

$$\frac{\mathrm{d}CBOD_i}{\mathrm{d}t} = -\frac{DO}{K_{\mathrm{sOxbod}_i}+DO}k_{\mathrm{bod}_i}(T) \cdot CBOD_i \qquad \text{CBOD 氧化} \qquad (3.39)$$
$$-k_{\mathrm{sbod}_i}(T) \cdot CBOD_i \qquad\qquad\qquad \text{CBOD 净沉积}$$

式中：$CBOD_i$ 为碳化生化需氧量，$mg-O_2 \cdot L^{-1}$；$k_{\mathrm{bod}_i}(T)$ 为 CBOD 氧化速率，d^{-1}；$k_{\mathrm{sbod}_i}(T)$ 为 CBOD 沉积速率，$m \cdot d^{-1}$；K_{sOxbod_i} 为 CBOD 氧化的氧半饱和衰减常数，$mg-O_2 \cdot L^{-1}$。

上述式子中的下角标"i"为 CBOD 的组号。在 NSMs 模块中模拟的 CBOD 为最终 CBOD。边界条件输入和点源输入的 CBOD 也必须是最终 CBOD。然而，CBOD 通常是由标准化方法测定，该方法测量规定时间内过滤后水样的耗氧量，使用最多的水质组分是 $CBOD_5$（$mg-O_2 \cdot L^{-1}$），表示水样在 20℃黑暗条件下存储 5d 的耗氧量。$CBOD_5$ 与 CBOD 的比率取决于有机质的降解速率，将 $CBOD_5$ 换算为 CBOD 时必须基于各自的 CBOD 降解速率，即

$$CBOD_i = \frac{CBOD_5}{1-e^{-5 \cdot k_{bod_i}}} \qquad (3.40)$$

式中：$CBOD_5$ 为 5 日碳化生化需氧量，$mg-O_2 \cdot L^{-1}$；k_{bod_i} 为 20℃时的 CBOD 氧化速率，d^{-1}。

$CBOD_5$ 到 CBOD 的换算因子大小随水样的不同而不同，从原废水的 1.2 到一级/二级废水的 1.6 不等（Thomann and Muller，1987）。计算的 CBOD 不能用于直接比较测量的 $CBOD_5$ 和模型输出的 $CBOD_5$，必须将计算的 CBOD 换算成 $CBOD_5$ 或者将计算的 $CBOD_5$ 换算成 CBOD。模型计算的 $CBOD_5$ 为 CBOD 代表的溶解态有机质和溶解态有机碳之和，即

$$CBOD_5 = \sum CBOD_i \left[1-e^{-5k_{bod_i}(20)}\right] + r_{oc}DOC\left[1-e^{-5 \cdot k_{doc}(20)}\right] \qquad (3.41)$$

式中：DOC 为溶解态有机碳，$mg-C \cdot L^{-1}$；r_{oc} 为碳被氧化时的 O_2 与 C 之比，$mg-O_2/mg-C$；$k_{doc}(T)$ 为 DOC 氧化速率，d^{-1}。

上述公式中的 $CBOD_5$ 仅表示溶解态有机碳的耗氧，并且仅用于与实验室测量过滤的水样的 $CBOD_5$ 的比较。当测量 $CBOD_5$ 时包含了藻类呼吸和藻类体内碳的降解的影响时，需要对计算的 CBOD 进行修正，从而可以对测量值进行有效的比较。

3.9 碳的种类

碳在水质过程中起着重要作用，不能仅仅通过 CBOD 表示（Connolly and Coffin，1995；Chapra，1999）。NSMI 模块通过 3 个状态变量模拟碳循环，分别为颗粒态有机碳（POC）、溶解态有机碳（DOC）和溶解态无机碳（DIC）。POC 表示非活性碎屑碳，其含量为表层水体生产力的函数。DOC 简化为 TOC 中溶解于水体中的部分（与悬浮于水体中的相对）。DOC 与有毒化学物质和微量元素结合，形成水溶性络合物，这些物质与有机碳的生成、迁移和转化密切相关。模拟污染物的吸收过程必须以估算颗粒态和溶解态有机碳为前提。污染物输运模拟需要 POC 和 DOC 的浓度（Tye et al.1996）。有机碳以及溶解态、颗粒态物质会影响光在水生系统中的穿透程度。水生系统中有机碳的行为、反应和转化取决于各种物质的溶解态或颗粒态阶段。在水体中，藻类是 POC 的唯一来源，藻类死亡后部分成为 POC，部分成为 DOC。

NSMI 模块中的无机碳包括二氧化碳、碳酸氢盐和碳酸盐，这些种类的总和为溶解态无机碳（DIC）。由于 pH 在 6.35 和 10.33 之间时，碳酸氢盐是优势种类，因此在自然水体中通常占主要部分。

$$DIC = [H_2CO_3^*] + [HCO_3^-] + [CO_3^{2-}] \qquad (3.42)$$

式中：DIC 为溶解态无机碳，$mol \cdot L^{-1}$；H_2CO_3 为溶解态 CO_2 与碳酸之和，$mol \cdot L^{-1}$；HCO_3^- 为碳酸氢根离子，$mol \cdot L^{-1}$；CO_3^{2-} 为碳酸根离子，$mol \cdot L^{-1}$。

DIC 不包括固相碳酸钙，其变化速率正比于净初级生产力。与其他营养盐类似，DIC 通过分解产生，由植物吸收，也会由水生植物呼吸产生。DIC 其他的源汇通过大气交换和有机碳（例如 DOC、CBOD）氧化产生，表示水柱中 DIC 的单位为 mole 或 $mol \cdot L^{-1}$，$1\ mole\ DIC = 12g$，$1\ mol \cdot L^{-1}\ DIC = 12000\ mg - C \cdot L^{-1}$。模拟 DIC 是计算 pH 所必须的。水体中 POC、DOC 和 DIC 内部的源汇项方程介绍如下。

3.9.1　状态变量

颗粒态有机碳（POC）

$$\frac{\partial POC}{\partial t} = F_{pocp}k_{dp}(T) \cdot r_{ca}A_p \qquad \text{藻类死亡}(A_p \rightarrow POC)$$

$$- k_{poc}(T) \cdot POC \qquad \text{POC 水解}(POC \rightarrow DOC)$$

$$- \frac{v_{soc}}{h}POC \qquad \text{POC 沉降}(POC \rightarrow Bed)$$

$$+ \frac{1}{h}F_{pocb}k_{db}(T) \cdot r_{cb}A_bF_bF_w \qquad \text{底栖藻类死亡}(A_b \rightarrow POC) \qquad (3.43)$$

式中：POC 为颗粒态有机碳，$mg - C \cdot L^{-1}$；F_{pocp} 为藻类死亡转化为 POC 的比例（0～1.0）；r_{ca} 为藻类碳与叶绿素 a 之比，$mg - C/\mu g - Chla$；r_{cb} 为底栖藻类碳与底栖藻类干重之比，$mg - C/mg - D$；v_{soc} 为 POC 沉降速度，$m \cdot d^{-1}$；$k_{poc}(T)$ 为 POC 水解速率，d^{-1}；F_{pocb} 为底栖藻类死亡转化为 POC 的比例（0～1.0）。

溶解态有机碳（DOC）

$$\frac{\partial DOC}{\partial t} = (1 - F_{pocp})k_{dp}(T) \cdot r_{ca}A_p \qquad \text{藻类死亡}(A_p \rightarrow DOC)$$

$$+ k_{poc}(T) \cdot POC \qquad \text{POC 水解}(POC \rightarrow DOC)$$

$$+ k_{pom}(T) \cdot f_{com}POM \qquad \text{POM 溶解}(POM \rightarrow DOC)$$

$$- \frac{DO}{K_{sOxmc} + DO}k_{doc}(T) \cdot DOC \qquad \text{DOC 氧化}$$

$$- \frac{5 \times 12}{4 \times 14}\left(1 - \frac{DO}{K_{sOxdn} + DO}\right)k_{dnit}(T) \cdot NO_3 \quad \text{DOC 反硝化消耗}$$

$$+ \frac{1}{h}(1 - F_{pocb})k_{db}(T) \cdot r_{cb}A_bF_bF_w \qquad \text{底栖藻类死亡}(A_b \rightarrow DOC) \qquad (3.44)$$

式中：K_{sOxmc} 为 DOC 氧化的氧气半饱和衰减常数，$mg - O_2 \cdot L^{-1}$；f_{com} 为有机质中碳的比例，$mg - C/mg - D$。

溶解态无机碳（DIC）

$$12 \cdot 10^3\frac{\partial DIC}{\partial t} = + 12k_{ac}(T)(10^{-3}k_H(T)p_{CO_2} - 10^3F_{CO_2}DIC)$$

$$\text{大气向水体中补充 } CO_2\ (\text{Atm} \leftrightarrow \text{DIC})$$

$$+ \frac{DO}{K_{sOxmc} + DO}k_{doc}(T) \cdot DOC \qquad \text{DOC 矿化}(DOC \rightarrow DIC)$$

$$+ k_{rp}(T) \cdot r_{ca}A_p \qquad \text{藻类呼吸}(A_p \rightarrow DIC)$$

$$-\mu_p r_{ca} A_p \qquad\qquad\qquad \text{藻类光合作用（DIC→A_p）}$$

$$+\frac{1}{h} k_{rb}(T) \cdot r_{cb} A_b F_b \qquad\qquad \text{底栖藻类呼吸（A_b→DIC）}$$

$$-\frac{1}{h} \mu_b r_{cb} A_b F_b \qquad\qquad \text{底栖藻类光合作用（DIC→A_b）}$$

$$+\frac{1}{r_{oc}} \sum \frac{DO}{K_{sOxbod_i}+DO} k_{bod_i}(T) \cdot CBOD_i \quad \text{CBOD 氧化（CBOD→DIC）}$$

$$+\frac{1}{h}\frac{SOD(T)}{r_{oc}} \qquad\qquad\qquad \text{沉积物释放（Bed→DIC）} \qquad (3.45)$$

式中：$k_{ac}(T)$ 为 CO_2 恢复速率，d^{-1}；$k_H(T)$ 为 Henry 定律常数，$mol \cdot L^{-1} \cdot atm^{-1}$；$p_{CO_2}$ 为大气中二氧化碳的分压，ppm；F_{CO_2} 为 CO_2 中总无机碳的比例（$0 \sim 1.0$）。

3.9.2 CO_2 恢复

CO_2 恢复指大气—水界面间的 CO_2 交换，其恢复过程和饱和 CO_2 浓度与实际 CO_2 浓度之差成比例。CO_2 交换是双向，可以从大气到水体，也可以从水体到大气。饱和 CO_2 浓度是大气中 CO_2 部分的压强（P_{CO_2}）和水温的函数，其值可参见图 3.4。气相和水相 CO_2 值可由 Henrys 定律表征。Henry 常数 K_H 是水温的函数（Edmond and Gieskes，1970），即

$$\log_{10} K_H(T) = \frac{2385.73}{T_{wk}} + 0.0152642 T_{wk} - 14.0184 \qquad (3.46)$$

式中：T_{wk} 为水温（绝对温度）。

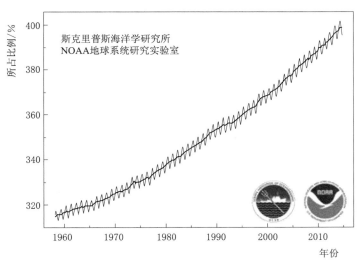

图 3.4　大气中 CO_2 的浓度［Mauna Loa 观测站，Hawaii（NOAA‐ESRL）］

CO_2 恢复速率可经复氧速率温度修正得到，即

$$k_{ac}(T) = \left(\frac{MW_{O_2}}{MW_{CO_2}}\right)^{0.25} k_a(T) \qquad (3.47)$$

式中：$k_a(T)$ 为复氧速率，d^{-1}；MW_{O_2} 为 O_2 分子量，$32g \cdot mol^{-1}$；MW_{CO_2} 为 CO_2 分子量，$44g \cdot mol^{-1}$。

3.9.3　衍生变量

总有机碳（TOC）是自然水体中有机质的总量，其测量包括颗粒态（胶体态）、溶解态有机碳、CBOD 以及藻类生物量，模型计算公式为

$$TOC = DOC + POC + \frac{\sum CBOD_i}{r_{oc}} + r_{ca}A_p \tag{3.48a}$$

总悬浮固体（TSS）包括所有的无机悬浮颗粒和所有的有机质，包括藻类和颗粒态有机质。模型计算公式为

$$TSS = \sum m_n + \frac{POC}{f_{com}} + r_{da}A_p \tag{3.48b}$$

如果将 POC 关闭并且用 NSMI 模拟 POM，则 TOC 和 TSS 的计算公式为

$$TOC = DOC + f_{com}POM + \frac{\sum CBOD_i}{r_{oc}} + r_{ca}A_p \tag{3.48c}$$

$$TSS = \sum m_n + POM + r_{da}A_p \tag{3.48d}$$

式中：TOC 为总有机碳，$mg-C \cdot L^{-1}$；TSS 为总悬浮固体，$mg \cdot L^{-1}$。

浊度用于指示水体中悬浮固体及相关组分，浮游藻类通常是浊度的主要组成部分，可以通过相关关系预测浊度，TSS 通常被认为和浊度自然对数呈线性关系（Packman et al. 1999）。式（3.49）为 TSS 和浊度的一般关系（以浊度为单位，NTU），通过此式可以由 TSS 计算值估算浊度。

$$\ln(Turbidity) = A\ln(TSS) + B \tag{3.49}$$

式中：A，B 为研究区特定的浊度系数。

3.10　溶解氧（DO）

溶解氧（DO）是水质模型中最重要的变量之一。DO 浓度通常被看作是衡量水体及其相关生态系统整体健康状况的指标。适当的溶解氧浓度是健康生态系统的基本要求。当溶解氧浓度过低时，可能会导致水生动植物受损并最终死亡。水生植物的生长和死亡与溶解氧之间的关系非常密切。藻类的光合作用是溶解氧的来源，藻类通过光合作用生长并释放溶解氧。如果水体中的氧气小于饱和值，那么大气复氧是溶解氧的另一个来源。溶解氧的汇包括：藻类的呼吸作用、有机物（尤其是 DOC、CBOD）的硝化作用和氧化作用、沉积物需氧量（SOD）以及当溶解氧浓度超过饱和时释放到大气中。当厌氧条件出现时，有机物的衰减速率会显著变慢，有机物的衰减速率取决于水体中存在的溶解氧的量。水体内部的源汇方程为

$$\frac{dDO}{dt} = k_a(T)(DO_s - DO) \qquad \text{大气复氧}$$

$$+\left(\frac{138}{106} - \frac{32}{106}F_1\right)\mu_p r_{oc} r_{ca} A_p \qquad \text{藻类光合作用}$$

$$-k_{rp}(T) \cdot r_{oc} r_{ca} A_p \qquad \text{藻类呼吸作用}$$

$$-k_{nit}(T) \cdot r_{on} NH_4 \qquad \text{硝化作用}$$

$$-\frac{DO}{K_{sOxmc}+DO}k_{doc}(T)\cdot r_{oc}DOC \qquad\qquad \text{DOC 氧化}$$

$$-\sum\frac{DO}{K_{sOxbod_i}+DO}k_{bod_i}(T)\cdot CBOD_i \qquad \text{CBOD 氧化}$$

$$+\frac{1}{h}\left(\frac{138}{106}-\frac{32}{106}F_2\right)\mu_b r_{oc}r_{cb}(T)\cdot A_b F_b \qquad \text{底栖藻类光合作用}$$

$$-\frac{1}{h}k_{rb}(T)\cdot r_{oc}r_{cb}A_b F_b \qquad\qquad \text{底栖藻类呼吸作用}$$

$$-\frac{DO}{K_{SSOD}+DO}\frac{SOD(T)}{h} \qquad\qquad \text{沉积物需氧量（SOD）} \qquad (3.50)$$

式中：DO 为溶解氧浓度，$\mathrm{mg\cdot L^{-1}}$；DO_S 为饱和溶解氧浓度，$\mathrm{mg\cdot L^{-1}}$；r_{on} 为硝化作用中氧气与氮的比；$SOD(T)$ 为沉积物需氧量，$\mathrm{g\cdot m^{-2}\cdot d^{-1}}$；$K_{SSOD}$ 为 SOD 的半饱和衰减常数。

由于溶解氧在水生生态系统中的重要性，模拟必须包括所有能产生氧气需求的所有过程。如果模型中包含 CBOD 和 DOC，必须确保要对它们进行正确的解释。在自然界水体中，经常用 CBOD、DOC、POC 或 POM 来评价有机物的量。CBOD 通常被指定为外来输入，而在有机碳库中（DOC，POC）则保持了原本有机物质的形式。有机物对溶解氧的影响要重复计算当模型模拟中不包括 CBOD 和有机碳时的情况。

3.10.1 溶解氧饱和度

已经开发出了各种方法来估计 DO 饱和度（DO_s）（Bowie et al. 1985），DO_s 在这里以水温的函数进行计算（APHA 1992）。

$$DO_s=\exp\left(\begin{array}{l}-139.34410\\[4pt]+\dfrac{1.575701\times10^5}{T_{wk}}-\dfrac{6.642308\times10^7}{T_{wk}^2}+\dfrac{1.243800\times10^{10}}{T_{wk}^3}-\dfrac{8.621949\times10^{11}}{T_{wk}^4}\end{array}\right)$$

$$(3.51)$$

图 3.5 是上述 DO 饱和度和温度之间的拟合函数曲线。

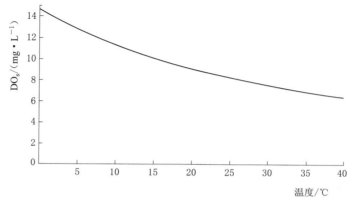

图 3.5　DO 饱和度和水温之间的拟合函数曲线

根据下面的方程，大气压对 DO_s 的影响得到了修正，即

$$DO_s = DO_s p_{atm} \frac{\left(1 - \dfrac{p_{wv}}{p_{atm}}\right) 1 - \alpha \cdot p_{atm}}{1 - p_{wv} 1 - \alpha} \tag{3.52}$$

式中：p_{atm} 为大气压强，atm；p_{wv} 为水汽分压，atm；α 为修正系数。

水汽分压和修正系数的计算公式为

$$p_{wv} = \exp\left[11.8571 - \frac{3840.70}{T_k} - \frac{216961}{T_k^2}\right] \tag{3.53}$$

$$\alpha = 0.000975 - 1.426 \times 10^{-5} T + 6.436 \times 10^{-8} T^2 \tag{3.54}$$

3.10.2　复氧

复氧是指在空气—水界面上的氧气传输。在 DO 浓度低于饱和浓度的情况下，氧气从空气输移到水里。如果 DO 浓度高于饱和状态，氧气就会输移到空气中。这种输移受到空气和水之间的 DO 浓度差异的影响，也受到与表面相邻的水膜中湍流的影响。湍流可能是由风或水流的剪切力造成的。总的来说，湍流控制着氧气的输移速率。在溪流中，复氧率系数是平均流速、深度、风和温度的函数。复氧率是通过流体力学和风速的函数来估计的，即

$$k_a(T) = \frac{k_{aw}(T)}{h} + k_{ah}(T) \tag{3.55}$$

式中：$k_{aw}(T)$ 为风复氧速度，$m \cdot d^{-1}$；$k_{ah}(T)$ 为水力复氧率，d^{-1}。

已经开发出了大量的公式来估计由水力作用产生的复氧率。这些公式通常是经验性的，但大多都有确定的背景。除了用户定义的输入外，还包括以下 6 个公式来进行水力复氧率估算（表 3.3），这些公式适用于河流系统。这些方程的计算是在 20℃ 条件下，用 Arrhenius 方程对局部水温进行调整。

表 3.3　　　　　　　　　以水力学特性为基础的复氧计算公式

选择	公　　式	适用范围	参　　考
1	$k_{ah} = 3.93 u^{0.5}/h^{1.5}$	自然河流 $(h = 0.3 \sim 9)$	O'Connor and Dobbins(1958)
2	$k_{ah} = 5.32 u^{0.67}/h^{1.85}, h < 0.61$ $k_{ah} = 5.026 u/h^{1.67},$ 其他	自然河流 $(h = 0 \sim 3.3)$	Owens et al. (1964) Churchill et al. (1962)
3	$k_{ah} = 517(u \cdot sl)^{0.524} Q^{-0.242}, Q < 0.556 m^3/s$ $k_{ah} = 596(u \cdot sl)^{0.528} Q^{-0.136}, Q > 0.556 m^3/s$	池塘和浅滩	Melching and Flores(1999)
4	$k_{ah} = 88(u \cdot sl)^{0.313} h^{-0.353}, Q < 0.556 m^3/s$ $k_{ah} = 142(u \cdot sl)^{0.333} h^{-0.66} B_t^{-0.243}, Q > 0.556 m^3/s$	渠化型河流	Melching and Flores(1999)

选择	公式	适用范围	参　考
5	$k_{ah}=31183u \cdot sl, Q<0.425\text{m}^3/\text{s}$ $k_{ah}=15308u \cdot sl, Q\geqslant0.425\text{m}^3/\text{s}$	自然型河流	Tsivoglou and Neal(1976)
6	$k_{ah}=2.16(1+9F_d^{0.25})\dfrac{u_*}{h}$ $F_d=\dfrac{u}{\sqrt{gA_c/B_t}}, u_*=\sqrt{gR_h sl}$	自然型河流	Thackston and Dawson(2001)

注：u 为流速，m/s；h 为水深，m；s_1 为渠道坡降；B_h 为渠道顶宽，m；R_h 为渠道水力半径，m；A_c 为渠道断面面积，m²。

有三种方法可以在复氧中纳入风的影响：①用户自定义；②Banks - Herrera 公式；③Wanninkhof 公式。

Banks - Herrera 公式（Banks and Herrera，1977）

$$k_{aw}(T)=0.728u_{w10}^{0.5}-0.317u_{w10}+0.0372u_{w10}^2 \tag{3.56a}$$

Wanninkhof 公式（Wanninkhof et al. 1991）

$$k_{aw}(T)=0.0986u_{w10}^{1.64} \tag{3.56b}$$

式中：$k_{aw}(T)$ 为风复氧速度，m·d⁻¹；u_{w10} 超出水面10m高度处的风速，m·s⁻¹。

风速通常在气象站测量，也是模拟水温的必要数据。

3.10.3　沉积物需氧量和沉积物—水界面通量

SOD 是底部沉积物产生的耗氧速率，单位面积的沉积物通量随着氧气进入上覆水而增加，SOD 涉及沉积物的降解和混合过程，该参数表示在原位测量的沉积物需氧量。SOD 以零阶反应表示，是用户指定的输入。对于天然 SOD，建议默认值为 0.5g·m⁻²·d⁻¹，总需氧量为 1.5g·m⁻²·d⁻¹（Manivanan，2008）。可根据水深和当地温度调整 SOD 值。表 3.4 提供了一些河流报告中的原位 SOD 值。值得注意的是，这些值可能不适用于当前的研究。

表 3.4　　　　　　　　　某些河流的原位 SOD 值

SOD/[g - O₂(m²·d)⁻¹]	环　境	实验条件	参　考
2.0～33	4 条位于美国东部的造纸厂排放的河流下游	原位透气性测定计，光，搅拌，暗，22～27℃	NCASI(1978)
0.9～14.1	4 条位于美国东部的造纸厂排放的河流下游	原位开放渠道透气性测定计，光，搅拌，暗，22～27℃	NCASI(1978)
0.1～1.4	美国东部造纸厂排放河流下游	原位透气性测定计，搅拌，暗，9～16℃，θ=1.08	NCASI(1979)
0.27～9.8	伊利诺伊州北部的河流（89 个站）	原位透气性测定计，搅拌，1～3h暗，5～31℃	Butts and Evans(1978)
0.1～5.3	东密歇根河的六个站	原位透气性测定计，搅拌，15～27h暗，19～25℃，θ=1.08	Chiaro and Burke(1980)

SOD/[$g-O_2 (m^2 \cdot d)^{-1}$]	环　境	实 验 条 件	参　考
1.1～12.8	新泽西河（10 个站）	原位透气性测定计，暗，30min 到 8h，搅拌	Hunter et al. (1973)
0.3～1.4	瑞典河流	原位透气性测定计，光，搅拌，0～10℃	Edberg and Hofsten(1973)
4.6～44	河流	氧气质量守恒	James(1974)

用户指定（User-specified）的沉积物—水通量包括 NH_4，NO_3 和无机磷。这些物质的释放是由于上层水和底部沉积物孔隙水中的养分之间的营养物浓度梯度而发生的。沉积物养分释放的影响可能很大。该模型假设：正通量从沉积物到水，负通量从水到沉积物。NH_4 和无机磷的通量通常是沉积物到水，并且是正值。NO_3 的沉积物—水通量通过沉积物反硝化速度来定义。NO_3 通常在两个方向上穿过沉积物—水界面并且可以是正的或负的。

3.11　病原体

NSMs 模型中以状态变量的形式包含了单一组分的病原体。这里描述的病原体动力学对于 NSM I 和 NSM II 是相同的。虽然有多种指标和病原体的直接计数，但过去一直把重点放在大肠菌群上。所关注的主要水生病原体包括霍乱弧菌、沙门氏菌和志贺氏菌种（Thomann and Mueller, 1987）。在该模型中，水体中病原体的浓度由 CFU 表示，CFU 是活细菌数量的量度。

病原体动力学改编自 QUAL2K（Chapra et al. 2008），病原体会因死亡、日光衰退和沉淀而减少，在没有阳光的情况下病原体的死亡是首要考虑的。深度平均太阳光对衰减率的影响是表面太阳辐射和光衰减系数的函数，病原体沉降损失取决于有多少生物附着在颗粒上，水体病原体（PX）的内部源汇方程可以写成

$$\frac{dPX}{dt} = -k_{dx}(T) \cdot PX \qquad \text{病原体死亡}$$

$$-\alpha_{px} \frac{I_0}{\lambda \cdot h}(1 - e^{-\lambda \cdot h})PX \qquad \text{光作用下病原体衰减}$$

$$-\frac{v_x}{h}PX \qquad \text{病原体净沉降} \tag{3.57}$$

式中：PX 为病原体，cfu $(100mL)^{-1}$；$k_{dx}(T)$ 为病原体死亡率，d^{-1}；α_{px} 为病原体衰变的光影响因子；v_x 为病原体净沉降速度，$m \cdot d^{-1}$。

需要注意的是，净沉降损失率 v_i，可以是负的、正的或零，取决于再悬浮的程度，因为底部沉积物可能是病原体的重要来源。

3.12 碱度

Alkalinity（Alk）作为状态变量包含在 NSMs 内。这里描述的碱度动力学对于 NSM I 和 NSM II 都是相同的。碱度是溶液缓冲能力的度量。它量度了溶液中和酸和碱的能力。在自然环境中，中和 H^+ 的主要离子是 HCO_3^- 和 CO_3^{2-}。在大多数水中，碱度和硬度具有相似的值，因为 HCO_3^- 和 CO_3^{2-} 通常来自 $CaCO_3$ 或 $MgCO_3$。因此，实验室通常以 $CaCO_3$ 当量（$mg \cdot L^{-1}$）为单位反映碱度。在过滤后的样品上测量碱度，以消除悬浮的 $CaCO_3$ 的潜在影响，并以 $mg \cdot L^{-1}$ 为单位的 $CaCO_3$ 进行规定。这相当于该溶液与每升溶解相同质量碳酸钙的溶液具有相同的碱度。1mol 质量的 $CaCO_3$ 等于 2 当量（eq），$1eq \cdot L^{-1} = 50000mg - CaCO_3 \cdot L^{-1}$。在计算上，变量 Alk 具有 $1eq \cdot L^{-1}$ 的单位。

碱度受到产生或消耗 H^+ 或 OH^- 的所有过程的影响。藻类和底栖藻类可通过光合作用和呼吸过程影响碱度。藻类光合作用吸收氮气转化为 NH_4 或 NO_3 和无机磷。NH_4 的吸收会降低溶液中的阳离子浓度，导致碱度降低。NO_3 的吸收会降低溶液中的阴离子浓度，导致碱度增加。类似地，无机磷的吸收降低溶液中的阴离子浓度，导致碱度增加。藻类呼吸释放 NH_4 和无机磷，NH_4 的释放增加了水体中的阳离子，导致碱度增加。无机磷的释放增加了水体中的阴离子，导致碱度降低，硝化作用将 NH_4 转化为 NO_3。因此，由于吸收了阳离子并产生阴离子，碱度降低。反硝化利用 NO_3 并产生氮气。所以，碱度增加是因为吸收阴离子并产生中性化合物。

水体中碱度的源汇方程为

$$
\begin{aligned}
\frac{\mathrm{d}Alk}{\mathrm{d}t} = & \ r_{\mathrm{alkden}}\left(1 - \frac{DO}{K_{\mathrm{sOxdn}} + DO}\right)k_{\mathrm{dnit}}(T)NO_3 && \text{反硝化作用碱度增加} \\
& - r_{\mathrm{alkn}}\frac{DO}{K_{\mathrm{sOxna}} + DO}\frac{NH_4}{K_{\mathrm{sNh_4}} + NH_4}k_{\mathrm{nit}}(T)NH_4 && \text{硝化作用碱度降低} \\
& + (r_{\mathrm{alkaa}_i}F_1 - r_{\mathrm{alkan}_i}(1 - F_1))\mu_p A_p && \text{藻类生长碱度降低} \\
& + r_{\mathrm{alkaa}_i}k_{\mathrm{rp}}(T) \cdot A_p && \text{藻类呼吸作用碱度增加} \\
& - \frac{1}{h}(r_{\mathrm{alkba}}F_2 - r_{\mathrm{alkbn}}(1 - F_2))\mu_b A_b F_b && \text{底栖藻类生长碱度降低} \\
& + \frac{1}{h}r_{\mathrm{alkba}}k_{\mathrm{rb}}(T) \cdot A_b F_b && \text{底栖藻类呼吸碱度增加} \quad (3.58)
\end{aligned}
$$

式中：Alk 为碱度，$eq \cdot L^{-1}$；r_{alkaa} 为 NH_4 是氮源情况下，藻类生长转化为 Alk 的比率，$eq \cdot \mu g^{-1} - Chla$；$r_{\mathrm{alkan}}$ 为 NO_3 是氮源情况下，藻类生长转化为 Alk 的比率，$eq \cdot \mu g^{-1} - Chla$；$r_{\mathrm{alkn}}$ 为 NH_4 的硝化作用转化为 Alk 的比率，$eq \cdot mg^{-1} - N$；r_{alkden} 为 NO_3 的反硝化作用转化为 Alk 的比率，$eq \cdot mg^{-1} - N$；r_{alkba} 为 NH_4 是氮源情况下，底栖藻类生长转化为 Alk 的比率，$eq \cdot mg^{-1} - D$；r_{alkbn} 为 NO_3 是氮源情况下，底栖藻类生长转化为 Alk 的比率，$eq \cdot mg^{-1} - D$。

值得注意的是，为了方便起见，碱度的单位是 $eq \cdot L^{-1}$ 或 $mol \cdot L^{-1}$。上述方程中所使用的数值因子是由状态变量（藻类、底栖藻类、NH_4 和 NO_3）和碱性之间的单位转换计算出来的。

$$r_{alkaa} = r_{ca} \times \frac{14 \text{ eqH}^+}{106 \text{ moleC}} \times \frac{\text{moleC}}{12 \text{ gC}} \frac{\text{g}}{10^3 \text{ mg}} = \frac{0.011}{10^{-3}} r_{ca} \qquad (3.59a)$$

$$r_{alkan} = r_{ca} \left(\frac{\text{mgC}}{\text{mgA}}\right) \times \frac{18 \text{ eqH}^+}{106 \text{ moleC}} \times \frac{\text{moleC}}{12 \text{ gC}} \frac{\text{g}}{10^3 \text{ mg}} = \frac{0.01415}{10^{-3}} r_{ca} \qquad (3.59b)$$

$$r_{alkn} = \frac{2 \text{ eqH}^+}{\text{moleN}} \frac{\text{moleN}}{14 \text{ gN}} \frac{\text{g}}{10^3 \text{ mg}} = \frac{0.143}{10^{-3}} \qquad (3.59c)$$

$$r_{alkden} = \frac{4 \text{ eqH}^+}{\text{moleN}} \frac{\text{moleN}}{14 \text{ gN}} \frac{\text{g}}{10^3 \text{ mg}} = \frac{0.286}{10^{-3}} \qquad (3.59d)$$

$$r_{alkba} = r_{cb} \times \frac{14 \text{ eqH}^+}{106 \text{ moleC}} \times \frac{\text{moleC}}{12 \text{ gC}} \frac{\text{g}}{10^3 \text{ mg}} = \frac{0.011}{10^{-3}} r_{cb} \qquad (3.59e)$$

$$r_{alkbn} = r_{cb} \times \frac{18 \text{ eqH}^+}{106 \text{ moleC}} \times \frac{\text{moleC}}{12 \text{ gC}} \frac{\text{g}}{10^3 \text{ mg}} = \frac{0.01415}{10^{-3}} r_{cb} \qquad (3.59f)$$

碱度的化学成分通常是 HCO_3^-、CO_3^{2-}，并且 OH^-、HCO_3^- 在中性 pH 值的地表水中通常大于总碱度的 95%。碱度通常被定义为

$$Alk = [HCO_3^-] + 2[CO_3^{2-}] + [OH^-] - [H^+] \qquad (3.60a)$$

DIC 是水中无机碳的总和，包括溶解的二氧化碳（CO_2）和碳酸（H_2CO_3），碳酸氢盐阴离子（HCO_3^-），以及基于方程（3.32）的碳酸盐阴离子（CO_3^{2-}）。因此，碱度可以写成

$$Alk = DIC + [OH^-] - [H^+] \qquad (3.60b)$$

式中：$[H^+]$ 为水合氢离子，$mol \cdot L^{-1}$；$[OH^-]$ 为氢氧根离子，$mol \cdot L^{-1}$。

3.13　pH

NSM I 和 NSM II 模块均可计算 pH，计算时 DIC 和碱度是必需的状态变量。本节介绍水体中 pH 的计算方法。由于某些化学过程需要在特定的 pH 水平下进行，因此 pH 是水生环境中非常重要的因素。水体的 pH 决定了像营养盐（磷、氮、碳）、重金属（铅、铜、镉等）等化学组分的溶解性和生物利用性。pH 还会影响对化学转化和毒性有潜在影响的有机物的电离和水解。

pH 用于表征水的酸碱性，范围为 0~14，中性值为 7。pH 小于 7 时表明水呈酸性，大于 7 时表明水呈碱性。多数水体中，pH 取决于总有机碳（C_T）和碱度（Alk）。pH 与 Alk 和 C_T 之比的关系如图 3.6 所示。

pH 算法采用了 QUAL2K（Chapra et al. 2008）的算法。以下平衡、质量守恒和电中性方程定义了纯水受无机碳类的影响（Stumm and Morgan，1996），即

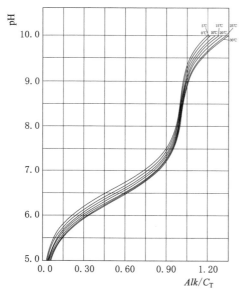

图 3.6　pH 与 Alk/C_T 关系图

（Di Toro，1976）

$$H_2CO_3^* \Longleftrightarrow HCO_3^- + H^+ \tag{3.61a}$$

$$HCO_3^- \Longleftrightarrow CO_3^{2-} + H^+ \tag{3.61b}$$

这些平衡方程用如下解离常数量化

$$K_1 = \frac{[HCO_3^-][H^+]}{[H_2CO_3^-]} \tag{3.62}$$

$$K_2 = \frac{[CO_3^{2-}][H^+]}{[HCO_3^-]} \tag{3.63}$$

水的解离遵循的平衡方程为

$$K_w = [H^+][OH^-] \tag{3.64}$$

式中：K_1 为第一酸度常数，$mol \cdot L^{-1}$；K_2 为第二酸度常数，$mol \cdot L^{-1}$；K_w 为水的解离产生的离子，$mol \cdot L^{-1}$。

纯水 K_1、K_2 和 K_w 的值是水温的函数，可以通过 Plummer 和 Busenberg（1982）提出的方法计算 K_1 和 K_2，通过 Harned 和 Hamer（1933）提出的方法计算 K_w。

$$\lg K_1 = -356.3094 - 0.06091964 T_{wk} + \frac{21834.37}{T_{wk}} + 126.8339 \lg T_{wk} - \frac{1684915}{T_{wk}^2} \tag{3.65}$$

$$\lg K_2 = -107.8871 - 0.03252849 T_{wk} + \frac{5151.79}{T_{wk}} + 38.92561 \lg T_{wk} - \frac{563713.9}{T_{wk}^2} \tag{3.66}$$

$$\lg K_w = -\frac{4787.3}{T_{wk}} - 7.1321 \lg T_{wk} - 0.010365 T_{wk} + 22.80 \tag{3.67}$$

碳酸盐缓冲体系中的个别物质具有极强的反应性，因此，直接的物质平衡方程会呈非线性且表现出不良的数值特性（Di Toro，1976）。有效的解决方案是将式（3.62）～式（3.64）合并定义出新的变量，即

$$\alpha_0 = \frac{[H^+]^2}{[H^+]^2 + K_1[H^+] + K_1 K_2} \tag{3.68}$$

$$\alpha_1 = \frac{K_1[H^+]}{[H^+]^2 + K_1[H^+] + K_1 K_2} \tag{3.69}$$

$$\alpha_2 = \frac{K_1 K_2}{[H^+]^2 + K_1[H^+] + K_1 K_2} \tag{3.70}$$

将式（3.68）～式（3.70）代入式（3.59）得

$$Alk = (\alpha_1 + 2\alpha_2)DIC + \frac{K_w}{[H^+]} - [H^+] \tag{3.71}$$

如此，计算 pH 简化为计算式（3.71）中的 $[H^+]$。以上关于 $[H^+]$、碱度、碳酸根-碳酸氢根平衡系统的非线性方程需同步解出。当通过式（3.71）计算出 $[H^+]$ 后，其负对数即为 pH

$$pH = -\lg[H^+] \tag{3.72}$$

式（3.71）的求解采用 Chapra 等（2008）给出的两种数值方案：①Newton - Raphson 方法；②Bisection 方法（二分法）。Newton - Raphson 方法采用当前迭代解的斜率（正切）搜索下一次的迭代解。Bisection 方法是一种增量搜索法，通过将当前间隔分成两半来选择下一次迭代的子间隔。对于许多问题，Newton - Raphson 方法计算速度比 Bisection 方法快，但是不能确保 Newton - Raphson 方法一定能有结果。

3.14　NSM I 中的参数

本节对 NSM I 模块中输入的参数进行说明。输入参数的设置有许多选项，对于某一个参数，不同的区域可以设置为同一值，也可以不同区域设置为不同值。表 3.5 总结了 NSM I 模块的输入参数和系数，浮游藻类和底栖藻类中的 C、N、P 比值，以及叶绿素 a 占比通过他们的相对化学计量与干重生物量定义（100 mg - D），受温度影响的系数定义为 20℃时的值，本表格在每个水质区域将重复出现，以便定义输入参数的不同值。

表 3.5　　　　　　　　　　　　　　NSM I 模块参数与系数默认值

符号	定 义	单 位	默认值	参考范围	温度修正	
总　体						
λ_0	背景光衰减	m^{-1}	0.02	$0.02\sim6.59^e$		
λ_s	由无机悬浮物造成的光照衰减	$L\cdot mg^{-1}\cdot m^{-1}$	0.052^a	$0.019\sim0.37^e$		
λ_m	由有机物造成的光照衰减	$L\cdot mg^{-1}\cdot m^{-1}$	0.174^a	$0.008\sim0.174^e$		
λ_1	由藻类造成的线性光照衰减	$m^{-1}\cdot(\mu g-Chla\cdot L^{-1})^{-1}$	0.0088^a	$0.009\sim0.031^e$		
λ_2	由藻类造成的非线性光照衰减	$m^{-1}\cdot(\mu g-Chla\cdot L^{-1})^{-2/3}$	0.054^a	n/a		
f_{com}	有机物中碳的比例	$mg-C/mg-D$	0.4	$0\sim1.0$		
k_{dpo4n}	第 n 类固体的无机磷分配系数	$L\cdot kg^{-1}$	0	$0-200^c$ $1000-16000^h$		
$k_{ah}(T)$	水力驱动下复氧速度率	d^{-1}	1.0	$0.4\sim1.5^h$ $4.0\sim10^h$	是	1.024^b
$k_{aw}(T)$	风驱动下复氧速度	$m\cdot d^{-1}$	0	n/a	是	1.024
SOD	沉积物需氧量	$g-O_2\cdot m^{-2}\cdot d^{-1}$	0.2	$0.2\sim4.0^c$ $0.1\sim10^h$	是	1.060^b
K_{sSOD}	SOD 半饱和衰减常数	$mg-O_2\cdot L^{-1}$	1.0	n/a		
浮　游　藻　类						
AW_d	藻类干重化学计量	$mg-D$	100^a	$65\sim130^e$		
AW_c	藻类碳化学计量	$mg-C$	40^a	$25\sim60^e$		
AW_n	藻类氮化学计量	$mg-N$	7.2^a	$4\sim20^e$		
AW_p	藻类磷化学计量	$mg-P$	1.0^a	n/a		
AW_a	藻类叶绿素 a 化学计量	$\mu g-Chla$	1000^a	$400\sim3500^e$		
$\mu_{mxp}(T)$	藻类生长速率最大值	d^{-1}	1.0	$1.0\sim3.0^b$ $0.1\sim0.5^c$ $0.5\sim3.0^h$ $1.0\sim2.0^h$	是	1.047^b
$k_{rp}(T)$	藻类呼吸速率	d^{-1}	0.2	$0.05\sim0.5^b$ $0.02\sim0.8^e$	是	1.047^b

符 号	定 义	单 位	默认值	参考范围	温度修正	
浮 游 藻 类						
$k_{dp}(T)$	藻类死亡速率	d^{-1}	0.15	$0.02\sim0.3^b$ $0\sim0.5^e$ $0.2\sim8.0^f$	是	1.047^b
v_{sa}	藻类沉降速率	$m\cdot d^{-1}$	0.15	$0.15\sim1.8^b$ $0\sim1.0^e$ $0\sim13.6^j$		
K_L	藻类生长光照限制常数	$W\cdot m^{-2}$	10	$3.7\sim20^b$ $14\sim44^e$		
K_{sN}	藻类生长氮半饱和限制常数	$mg-N\cdot L^{-1}$	0.04	$0.01\sim0.3^b$ $0.005\sim0.05^e$ $0.002\sim4.34^j$		
K_{sP}	藻类生长磷半饱和限制常数	$mg-P\cdot L^{-1}$	0.0012	$0.001\sim0.05^b$ $0.01\sim0.06^e$ $0.001\sim1.52^j$		
P_N	藻类生长的NH_4偏好因子	无量纲	0.5	$0\sim1.0$		
底 栖 藻 类						
BW_d	底栖藻类干重化学计量	$mg-D$	100^a	$65\sim130^e$		
BW_c	底栖藻类碳化学计量	$mg-C$	40^a	$25\sim60^e$		
BW_n	底栖藻类氮化学计量	$mg-N$	7.2^a	$4\sim20^e$		
BW_p	底栖藻类磷化学计量	$mg-P$	1.0^a	n/a		
BW_a	底栖藻类叶绿素a化学计量	$\mu g-Chla$	3500	$400\sim3500^e$		
$\mu_{mxb}(T)$	底栖藻类生长速率最大值	d^{-1}	0.4	$0.3\sim2.25^b$	是	1.047^b
$k_{rb}(T)$	底栖藻类基础呼吸速率	d^{-1}	0.2	$0.01\sim0.8^b$	是	1.06^b
$k_{db}(T)$	底栖藻类死亡速率	d^{-1}	0.3	$0\sim0.8^b$	是	1.047^b
K_{Lb}	底栖藻类生长光照限制常数	$W\cdot m^{-2}$	10	$1.7\sim20^b$ $14\sim44^e$		
K_{sNb}	底栖藻类氮半饱和限制常数	$mg-N\cdot L^{-1}$	0.25	$0.01\sim0.766^b$ $0.01\sim0.75^e$ $0.001\sim0.02^h$		
K_{sPb}	底栖藻类磷半饱和限制常数	$mg-P\cdot L^{-1}$	0.125	$0.01\sim0.08^b$ $0.005\sim0.175^e$		
K_{Sb}	底栖藻类生长密度半饱和常数	$g-D\cdot m^{-2}$	10	$10\sim30^b$		
P_{Nb}	底栖藻类生长的NH_4偏好因子	无量纲	0.5	$0\sim1.0$		
F_{pocb}	底栖藻类死亡转化为POC的比例	无量纲	0.9	$0\sim1.0$		
F_w	底栖藻类死亡后进入水体的比例	无量纲	0.9	$0\sim1.0$		
F_b	可供底栖藻类生长的底部面积比例	无量纲	0.9	$0\sim1.0$		

续表

符号	定　义	单　位	默认值	参考范围	温度修正	
氮 循 环						
$k_{nit}(T)$	硝化速率	d^{-1}	0.1	0.1~2.0[b] 0.09~0.13[c] 0.01~10[e] 0.025~6.0[f]	是	1.083[b]
$k_{on}(T)$	有机氮到 NH_4 的降解速率	d^{-1}	0.1	0.02~0.4[b] 0.001~1.0[e]	是	1.047[b]
v_{son}	有机氮的沉降速度	$m \cdot d^{-1}$	0.01	0~2.0[c] 0~0.1[e]		
$k_{dnit}(T)$	反硝化速率	d^{-1}	0.002	0.002~2.0[e]	是	1.045
K_{sOxdn}	反硝化作用氧半饱和限制常数	$mg-O_2 \cdot L^{-1}$	0.1[f]	n/a		
$v_{no_3}(T)$	沉积物反硝化速率	$m \cdot d^{-1}$	0	0~1.0[e]	是	1.08
r_{nh_4}	沉积物 NH_4 释放速率	$g-N \cdot m^{-2} \cdot d^{-1}$	0	n/a	是	1.074[b]
磷 循 环						
$k_{op}(T)$	有机 P 到 DIP 的降解速率	d^{-1}	0.1	0.01~0.7[b] 0.001~1.0[e]	是	1.047[b]
v_{sop}	有机 P 的沉降速度	$m \cdot d^{-1}$	0.01	0~2.0[c] 0~0.1[e]		
v_{sp}	固体颗粒沉降速度	$m \cdot d^{-1}$	0.1	0~2.0[c] 0~30[e]		
r_{po_4}	沉积物 DIP 释放速率	$g-P \cdot m^{-2} \cdot d^{-1}$	0	0.001~0.15[j]	是	1.074[b]
碳 循 环						
F_{pocp}	藻类死亡转化为 POC 的比例	无量纲	0.9	0~1.0		
v_{soc}	POC 沉降速度	$m \cdot d^{-1}$	0.01	0~2.0[c]		
$k_{poc}(T)$	POC 水解速率	d^{-1}	0.005	0.001~0.2[c]	是	1.047[c]
$k_{doc}(T)$	DOC 氧化速率	d^{-1}	0.01	0.01~0.2[c]	是	1.047[c]
K_{sOxmc}	DOC 氧化的氧气半饱和衰减常数	$mg-O_2 \cdot L^{-1}$	1.0	n/a		
F_{CO_2}	CO_2 中 DIC 的比例	无量纲	0.2	0~1.0		
p_{CO_2}	大气中 CO_2 的分压	ppm	383[a]	n/a		
颗 粒 态 有 机 质						
v_{som}	POM 沉积速度	$m \cdot d^{-1}$	0.1	0.05~1.0[j]		
$k_{pom}(T)$	POM 分解速率	d^{-1}	0.005	0.001~0.11[j]	是	1.047[c]
$k_{pom_2}(T)$	沉积 POM 分解速率	d^{-1}	0.005	0.001~0.2[c]	是	1.047[c]
h_2	沉积层厚度	m	0.01	0.001~1.0		
w_2	沉积物埋藏速率	$cm \cdot y^{-1}$	0.25	n/a		

续表

符号	定义	单位	默认值	参考范围		温度修正
CBOD						
$k_{bod_i}(T)$	CBOD 氧化速率	d^{-1}	0.12	$0.02 \sim 3.4^b$	是	1.047^b
K_{sOxbod_i}	CBOD 氧化半饱和氧衰减常数	$mg - O_2 \cdot L^{-1}$	0.5^c	n/a		
$k_{sbod_i}(T)$	CBOD 沉积速率	d^{-1}	0	$-0.36 \sim 0.36^b$	是	1.024^b
病 原 体						
$k_{dx}(T)$	病原体死亡率	d^{-1}	0.8^a	n/a	是	1.07^a
α_{px}	病原体衰减的光效因子	无量纲	1.0^a	n/a		
v_x	病原体沉降速度	$m \cdot d^{-1}$	1.0^a	n/a		

* i 表示特定的 CBOD 组分。

a. Chapara et al. 2008。

b. Brown and Barnwell，1987。

c. Wool et al. 2006。

d. Brown，2002。

e. Flynn et al. 2015。

f. Bowie et al. 1985。

g. Thomann and Muller，1987。

h. Thomann and Fitzpatrick，1982。

i. Schnoor，1996。

j. EL，1995b。

表 3.5 中参数取值范围取自已发表文献和其他水质模型，需要指出的是，这些建议取值范围是基于有限的文献总结的，其中多数是通过真实案例应用的率定结果。参数的确定应该是先从参考范围中选出一个可行的值，通过模型率定，不断调整，当实测值和模拟值的误差在一定范围内时，方可确定。也可以采用其他研究成果的模型参数值。

3.15 NSMⅠ模块输出

本节介绍 NSMⅠ模块的输出。输出数据包括在 NSMⅠ中计算的水质状态变量和中间变量的浓度。表 3.1 列出了 NSMⅠ中模拟的水质状态变量。

3.15.1 衍生变量

为了将模型结果与监测数据进行比较，直接根据状态变量计算了衍生水质变量。表 3.6 列出了在 NSMⅠ中计算的 14 个衍生变量。

表 3.6   NSMⅠ计算的水质衍生变量

变量	定义	单位
A_{pd}	藻类（干重）	$mg - D \cdot L^{-1}$
$Chlb$	底栖叶绿素 a	$mg - Chla \cdot m^{-2}$

续表

变量	定　义	单　位
DIN	溶解态无机氮	$mg - N \cdot L^{-1}$
TON	总有机氮	$mg - N \cdot L^{-1}$
TKN	总凯氏氮	$mg - N \cdot L^{-1}$
TN	总氮	$mg - N \cdot L^{-1}$
DIP	溶解态无机磷	$mg - P \cdot L^{-1}$
TOP	总有机磷	$mg - P \cdot L^{-1}$
TP	总磷	$mg - P \cdot L^{-1}$
TOC	总有机碳	$mg - C \cdot L^{-1}$
$CBOD_5$	五日 CBOD	$mg - O_2 \cdot L^{-1}$
λ	光衰减系数	m^{-1}
k_a	复氧速率	d^{-1}
pH	pH	—

3.15.2　路径通量

在水质分析中，路径通量对单个过程的分析具有重要意义，也可用于模型调试。表 3.7 总结了路径通量以及 NSM Ⅰ 模型可以输出的附加变量。

表 3.7　　　　　　　　　　　NSM Ⅰ 计算的路径通量和附加变量

名　　称	定　义	单　位
藻　类		
A_p growth	藻类生长	$\mu g - Chla \cdot L^{-1} \cdot d^{-1}$
A_p respiration	藻类呼吸	$\mu g - Chla \cdot L^{-1} \cdot d^{-1}$
A_p mortality	藻类死亡	$\mu g - Chla \cdot L^{-1} \cdot d^{-1}$
A_p settling	藻类沉积	$\mu g - Chla \cdot L^{-1} \cdot d^{-1}$
FL	藻类生长光照限制因子	无单位
FN	藻类生长氮限制因子	无单位
FP	藻类生长磷限制因子	无单位
底 栖 藻 类		
A_b growth	底栖藻类生长	$mg - D \cdot L^{-1} \cdot d^{-1}$
A_b respiration	底栖藻类呼吸	$mg - D \cdot L^{-1} \cdot d^{-1}$
A_b mortality	底栖藻类死亡	$mg - D \cdot L^{-1} \cdot d^{-1}$
FL_b	底栖藻类生长光照限制因子	无量纲
FN_b	底栖藻类生长氮限制因子	无量纲
FP_b	底栖藻类生长磷限制因子	无量纲
FS_b	底栖藻类生长底部空间密度限制因子	无量纲

名　　称	定　　义	单　　位
氮　循　环		
$A_p \rightarrow OrgN$	藻类死亡转化的有机氮	$mg-N \cdot L^{-1} \cdot d^{-1}$
$OrgN \rightarrow Bed$	有机氮的沉积量	$mg-N \cdot L^{-1} \cdot d^{-1}$
$OrgN \rightarrow NH_4$	有机氮降解成 NH_4 的量	$mg-N \cdot L^{-1} \cdot d^{-1}$
$A_p \rightarrow NH_4$	藻类呼吸 NH_4 的量	$mg-N \cdot L^{-1} \cdot d^{-1}$
$NH_4 \rightarrow A_p$	藻类吸收 NH_4 的量	$mg-N \cdot L^{-1} \cdot d^{-1}$
$NH_4 \rightarrow NO_3$	NH_4 的硝化量	$mg-N \cdot L^{-1} \cdot d^{-1}$
$Bed \leftrightarrow NH_4$	沉积物释放 NH_4 的量	$mg-N \cdot L^{-1} \cdot d^{-1}$
$NO_3 \rightarrow A_p$	藻类吸收 NO_3 的量	$mg-N \cdot L^{-1} \cdot d^{-1}$
NO_3 denitrification	NO_3 反硝化的量	$mg-N \cdot L^{-1} \cdot d^{-1}$
$NO_3 \leftrightarrow Bed$	沉积 NO_3 反硝化的量	$mg-N \cdot L^{-1} \cdot d^{-1}$
$A_b \rightarrow OrgN$	底栖藻类死亡释放的有机氮	$mg-N \cdot L^{-1} \cdot d^{-1}$
$A_b \rightarrow NH_4$	底栖藻类呼吸 NH_4	$mg-N \cdot L^{-1} \cdot d^{-1}$
$NH_4 \rightarrow A_b$	底栖藻类吸收 NH_4	$mg-N \cdot L^{-1} \cdot d^{-1}$
$NO_3 \rightarrow A_b$	底栖藻类吸收 NO_3	$mg-N \cdot L^{-1} \cdot d^{-1}$
磷　循　环		
$A_p \rightarrow OrgP$	藻类死亡释放的有机磷	$mg-P \cdot L^{-1} \cdot d^{-1}$
$OrgP \rightarrow Bed$	有机磷沉积	$mg-P \cdot L^{-1} \cdot d^{-1}$
$OrgP \rightarrow DIP$	有机磷降解 DIP	$mg-P \cdot L^{-1} \cdot d^{-1}$
$A_p \rightarrow DIP$	藻类呼吸释放 DIP	$mg-P \cdot L^{-1} \cdot d^{-1}$
$DIP \rightarrow A_p$	藻类吸收 DIP	$mg-P \cdot L^{-1} \cdot d^{-1}$
$TIP \rightarrow Bed$	TIP 净沉积	$mg-P \cdot L^{-1} \cdot d^{-1}$
$Bed \leftrightarrow DIP$	沉积物释放 DIP	$mg-P \cdot L^{-1} \cdot d^{-1}$
$A_b \rightarrow OrgP$	底栖藻类死亡释放有机磷	$mg-P \cdot L^{-1} \cdot d^{-1}$
$A_b \rightarrow DIP$	底栖藻类呼吸释放 DIP	$mg-P \cdot L^{-1} \cdot d^{-1}$
$DIP \rightarrow A_b$	底栖藻类吸收 DIP	$mg-P \cdot L^{-1} \cdot d^{-1}$
碳　循　环		
$A_p \rightarrow POC$	藻类死亡释放 POC	$mg-C \cdot L^{-1} \cdot d^{-1}$
$A_p \rightarrow DOC$	藻类死亡释放 DOC	$mg-C \cdot L^{-1} \cdot d^{-1}$
$POC \rightarrow Bed$	POC 沉积	$mg-C \cdot L^{-1} \cdot d^{-1}$
$POC \rightarrow DOC$	POC 水解	$mg-C \cdot L^{-1} \cdot d^{-1}$
$POM \rightarrow DOC$	POM 溶解	$mg-C \cdot L^{-1} \cdot d^{-1}$

续表

名　称	定　义	单　位
碳　循　环		
$A_b \rightarrow POC$	底栖藻类死亡释放 POC	$mg - C \cdot L^{-1} \cdot d^{-1}$
$A_b \rightarrow DOC$	底栖藻类死亡释放 DOC	$mg - C \cdot L^{-1} \cdot d^{-1}$
$DOC \rightarrow denitrification$	反硝化消耗 DOC	$mg - C \cdot L^{-1} \cdot d^{-1}$
$DOC \rightarrow DIC$	DOC 氧化	$mg - C \cdot L^{-1} \cdot d^{-1}$
$CBOD \rightarrow DIC$	CBOD 氧化	$mg - C \cdot L^{-1} \cdot d^{-1}$
$Atm \leftrightarrow DIC$	大气 CO_2 复氧	$mol \cdot L^{-1} \cdot d^{-1}$
$DIC \rightarrow A_p$	藻类吸收 DIC	$mol \cdot L^{-1} \cdot d^{-1}$
$Bed \leftrightarrow DIC$	沉积物释放 DIC	$mol \cdot L^{-1} \cdot d^{-1}$
$A_b \rightarrow DIC$	底栖藻类呼吸释放 DIC	$mol \cdot L^{-1} \cdot d^{-1}$
$DIC \rightarrow A_b$	底栖藻类吸收 DIC	$mol \cdot L^{-1} \cdot d^{-1}$
颗　粒　态　有　机　物		
$A_p \rightarrow POM$	藻类死亡变为 POM	$mg - D \cdot L^{-1} \cdot d^{-1}$
$POM \rightarrow Bed$	POM 沉积	$mg - D \cdot L^{-1} \cdot d^{-1}$
POM dissolution	POM 溶解	$mg - D \cdot L^{-1} \cdot d^{-1}$
$A_b \rightarrow POM$	底栖藻类死亡转化为 POM	$mg - D \cdot L^{-1} \cdot d^{-1}$
POM_2 dissolution	沉积 POM 溶解	$mg - D \cdot L^{-1} \cdot d^{-1}$
POM deposition	POM 沉积	$mg - D \cdot L^{-1} \cdot d^{-1}$
POM_2 burial	沉积 POM 埋藏	$mg - D \cdot L^{-1} \cdot d^{-1}$
CBOD		
$CBOD_i$ oxidation	CBOD 氧化	$mg - O_2 \cdot L^{-1} \cdot d^{-1}$
$CBOD_i$ sedimentation	CBOD 净沉积	$mg - O_2 \cdot L^{-1} \cdot d^{-1}$
DO		
$Atm \leftrightarrow O_2$	大气复氧量	$mg - O_2 \cdot L^{-1} \cdot d^{-1}$
DO_s	溶解氧饱和度	$mg - O_2 \cdot L^{-1}$
$A_p \rightarrow O_2$	藻类光合作用生成的氧气	$mg - O_2 \cdot L^{-1} \cdot d^{-1}$
$O_2 \rightarrow A_p$	藻类呼吸作用消耗的氧气	$mg - O_2 \cdot L^{-1} \cdot d^{-1}$
$O_2 \rightarrow nitrification$	硝化作用消耗的氧气	$mg - O_2 \cdot L^{-1} \cdot d^{-1}$
$O_2 \rightarrow DOC$	DOC 氧化消耗的氧气	$mg - O_2 \cdot L^{-1} \cdot d^{-1}$
$O_2 \rightarrow CBOD$	CBOD 氧化消耗的氧气	$mg - O_2 \cdot L^{-1} \cdot d^{-1}$
$A_b \rightarrow O_2$	底栖藻类光合作用生成的氧气	$mg - O_2 \cdot L^{-1} \cdot d^{-1}$
$O_2 \rightarrow A_b$	底栖藻类呼吸作用消耗的氧气	$mg - O_2 \cdot L^{-1} \cdot d^{-1}$
SOD	沉积物需氧量	$mg - O_2 \cdot L^{-1} \cdot d^{-1}$

续表

名　　称	定　　义	单　　位
病　原　体		
PX death	病原体死亡	cfu/100m $\cdot$ L^{-1} $\cdot$ d^{-1}
PX decay	阳光分解病原体	cfu/100m $\cdot$ L^{-1} $\cdot$ d^{-1}
PX settling	病原体沉积	cfu/100m $\cdot$ L^{-1} $\cdot$ d^{-1}
碱　　度		
$A_p \rightarrow Alk$	藻类呼吸作用增加的碱度	mg $-$ CaCO$_3$ $\cdot$ L^{-1} $\cdot$ d^{-1}
$Alk \rightarrow A_p$	藻类生长降低的碱度	mg $-$ CaCO$_3$ $\cdot$ L^{-1} $\cdot$ d^{-1}
$Alk \rightarrow$ nitrification	硝化作用降低的碱度	mg $-$ CaCO$_3$ $\cdot$ L^{-1} $\cdot$ d^{-1}
denitrification $\rightarrow Alk$	反硝化作用增加的碱度	mg $-$ CaCO$_3$ $\cdot$ L^{-1} $\cdot$ d^{-1}
$A_b \rightarrow Alk$	底栖藻类呼吸增加的碱度	mg $-$ CaCO$_3$ $\cdot$ L^{-1} $\cdot$ d^{-1}
$Alk \rightarrow A_b$	底栖藻类生长降低的碱度	mg $-$ CaCO$_3$ $\cdot$ L^{-1} $\cdot$ d^{-1}

第4章

营 养 盐 模 拟 模 块 Ⅱ

4.1 概要

NSM Ⅱ的目的是进行高级的水质模拟，在 NSM Ⅱ中的水体状态变量参数扩展模块中包含 24 种水质状态变量参数。NSM Ⅱ中包括多种藻类种群，将有机氮和磷分解为溶解态和颗粒态，碳循环、pH 以及沉积物成岩模块。此外，与营养盐模拟模块Ⅰ相比，藻类模块、营养盐循环和溶解氧动力学更为详细。同时，NSM Ⅱ还提供了一份关于从有机到无机的氮、磷、碳循环的详细参数。在 NSM Ⅱ中，有机物（碳、氮、磷）的分解、硝化和氧化的过程方程已经得到了很大的改善。纳入到 NSM Ⅱ中的算法和方程已经部分引入到了 4 个地表水质模型中，这 4 个地表水质模块分别为：QUAL2K（Chapra et al. 2008），WASP（Wool et al. 2006），CE－QUAL－W2（Cole and Wells，2008），和 CE－QUAL－ICM（Cerco and Cole，1993；Cerco et al. 2004）。CE－QUAL－W2（W2）是一种适用于河流和湖泊的二维纵向/垂向水动力和水质模型。水质和流体动力学程序直接耦合在 W2 中。水质模块成分包括悬浮物、大肠杆菌群、总溶解固体、溶解有机物、颗粒有机物、藻类、磷、氨、硝酸盐、DO、CBOD、无机碳、碱度、pH、铁和磷、一阶底栖沉积物。CE－QUAL－ICM（ICM）是一种适用于大多数水体的一维、二维或三维的动态水质模型。ICM 是一种拥有 30 多个状态变量的模型，这些状态变量包括物理性能、多种类型的藻类、碳、氮、磷、硅以及溶解氧，两类大小的浮游动物、两种底栖生物的区划模式、水下水生植物、附生植物、底栖藻类等。NSM Ⅱ与上述模型共享了很多的算法和公式。

图 4.1 提供了 NSM Ⅱ对水质状态变量和水体之间主要过程的概述。藻类可以是浮动（浮游植物）或者附加在河床上的固着生物。浮动藻类受到自身重力下沉而固着生物受到底栖生物的局限。硅藻与其他藻类不同，因为它们需要硅酸盐才能生长。有机物质在水质变化过程具有重要作用，不能仅通过的有机氮、磷和碳的状态变量来确定（Connolly and Coffin，1995；Shanahan et al. 1998；Chapra，1999）。与 NSM Ⅱ相比，营养盐模拟模块

Ⅱ包含溶解态、难溶颗粒态与活性颗粒态有机物种。难溶颗粒态与活性颗粒态有机质的区别在于有机物的相对衰减率。不稳定部分描述的是衰减时间范围在几天到几周内的有机物，然而稳定部分的衰减过程将会持续几个月甚至到一年。值得注意的是，NSM Ⅱ将溶解态有机碳、颗粒有机碳、氮和磷分为稳定和不稳定部分溶解的有机氮和磷是作为同质成分的。建立了像 CBOD、病原体和碱度的水质动力学在 NSM Ⅱ 中的模型与 NSM Ⅰ 一样。

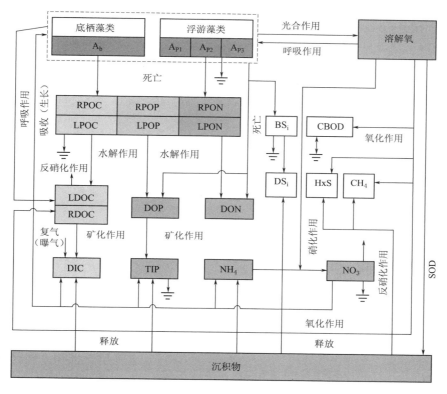

图 4.1　NSM Ⅱ中的水质状态变量和主要模拟流程

在 NSM Ⅱ中，颗粒有机营养物质，如氮、磷、碳水解为可溶解有机物的形式被模拟为随温度的一阶过程。矿化过程起因于溶解有机物质的细菌介导氧化。有机养分池通过矿化作用回到无机营养物质（例如 NH₄，DIP，DIC）的过程被模拟为与温度有关的一阶过程，可溶解的无机氮部分受到硝化和反硝化作用的影响，这些过程均表示为依赖于氧气的一阶反应，使用半饱和函数计算动力学速率的衰减因素。与 NSM Ⅰ相似，NSM Ⅱ采用了单一的有机物质沉降速率，但是这种单一的有机物质沉降速率不包括再悬浮。NSM Ⅰ 和 NSM Ⅱ模块均建立在净沉降的基础上，这种净沉降速率能够表征沉淀与再悬浮之间的长期差异。

表 4.1 中列出了 NSM Ⅱ 中的水质状态变量及其表示符号，NSM Ⅱ 允许用户打开或者关闭以下状态变量：底栖藻类、CBOD、二氧化硅、甲烷、硫化、碱度和病原体。当

状态变量可以忽略时，用户不需要提供任何输入参数。在计算无机磷的分配时，无机悬浮固体膨胀的浓度是一个必要的输入条件。在计算 pH 时，碱度以及 DIC 是必要的状态变量。有两个选项可用于确定 SOD 和底栖生物沉积物释放，分别是第一个选项采用用户指定的通量，第二个选项是将水质动力学与底栖生物沉积物成岩作用模块进行耦合，具体描述见第 5 章。在沉积物成岩模块内部计算沉积物—水通量是基于有机颗粒的沉淀和其他因素。

表 4.1　　　　　　　　　　　　　　　NSM Ⅱ中水质状态变量

变　　量	定　　　义	单　　位	选　　项
A_{pi}	藻类（浮游植物）	$\mu g - Chla \cdot L^{-1}$	1~3
A_b	底栖藻类	$g - D \cdot m^{-2}$	On/Off
NO_3	硝酸盐氮	$mg - N \cdot L^{-1}$	On
NH_4	铵	$mg - N \cdot L^{-1}$	On
DON	溶解态有机氮	$mg - N \cdot L^{-1}$	On
$LPON$	易分解颗粒有机氮	$mg - N \cdot L^{-1}$	On
$RPON$	难溶颗粒有机氮	$mg - N \cdot L^{-1}$	On
TIP	总无机磷	$mg - P \cdot L^{-1}$	On
DOP	溶解态有机磷	$mg - P \cdot L^{-1}$	On
$LPOP$	易分解颗粒有机磷	$mg - P \cdot L^{-1}$	On
$RPOP$	稳定颗粒有机磷	$mg - P \cdot L^{-1}$	On
DIC	溶解态无机碳	$mol \cdot L^{-1}$	On
$LDOC$	易分解溶解态有机碳	$mg - C \cdot L^{-1}$	On
$RDOC$	难溶颗粒态有机碳	$mg - C \cdot L^{-1}$	On
$LPOC$	易分解颗粒态有机碳	$mg - C \cdot L^{-1}$	On
$RPOC$	难溶颗粒态有机碳	$mg - C \cdot L^{-1}$	On
$CBOD_i$	碳化生化需氧量	$mg - O_2 \cdot L^{-1}$	0~10
CH_4	甲烷	$mg - O_2 \cdot L^{-1}$	On/Off
H_xS	总溶解硫化物	$mg - O_2 \cdot L^{-1}$	On/Off
DO	溶解氧	$mg - O_2 \cdot L^{-1}$	On
BSi	颗粒态生物硅	$mg - Si \cdot L^{-1}$	On/Off
DSi	溶解态硅	$mg - Si \cdot L^{-1}$	On/Off
PX	病原体	$cfu/(100mL)$	On/Off
Alk	碱度	$mg - CaCO_3 \cdot L^{-1}$	On/Off

4.2 藻类

根据其主要功能，NSMⅡ模拟了三个藻类物种群：硅藻，绿藻，蓝绿藻。藻类可以包括微观浮游植物和自由浮动水杂草或某些其他种类的植物。比如说，大多数淡水浮游植物是由绿藻和蓝藻组成的，也称为蓝绿藻。在海洋浮游植物中，虽然其他藻类和蓝藻可以存在，但其主要还是由微藻和硅藻组成的。硅藻不同于其他物种，部分原因是因为他们的生长需要依赖于可溶解性的硅。在 NSMⅡ 中，其多群组功能可以对藻类动力学系统进行详细的表示，如浮游植物物种的模拟。适当的藻类群组聚类，可以洞察明晰与模拟藻类生物量大小和繁殖时间相关的潜在问题（Baird，2010）。

每组藻类生物量被建模为具有不同营养物和叶绿素 a、衰减系数、生长速率、呼吸速率以及死亡率的独立状态变量。对于三种藻类，影响藻类生长和死亡的基本动力学是完全相同的，不同点在于对于每个种群，需要指定生长动力学系数。

4.2.1 化学计量比

在营养盐模拟模块Ⅱ中，与藻类生物量、碳、氮磷和氧相关的化学计量比必须规定。表 4.2 总结了在营养盐模拟模块Ⅱ内部计算的化学计量比。

表 4.2 营养盐模拟模块Ⅱ内部计算的藻类和氧气的化学计量比

符 号	定 义	单 位	公 式[a]
r_{nai}	藻类中氮与叶绿素 a 之比	mg－N/μg－Chla	$r_{nai}=AW_n/AW_a$
r_{pai}	藻类中磷与叶绿素 a 之比	mg－P/μg－Chla	$r_{pai}=AW_p/AW_a$
r_{cdi}	藻类中碳与干重之比	mg－C/mg－D	$r_{cdi}=AW_c/AW_d$
r_{cai}	藻类中碳与叶绿素 a 之比	mg－C/μg－Chla	$r_{cai}=AW_c/AW_a$
r_{dai}	藻类中干重与叶绿素 a 之比	mg－D/μg－Chla	$r_{dai}=AW_d/AW_a$
r_{siai}	藻类中硅与叶绿素 a 之比	mg－Si/μg－Chla	$r_{siai}=AW_{si}/AW_a$
r_{oc}	氧化中氧气与碳之比	g－O$_2$/g－C	$r_{oc}=32/12$
r_{on}	硝化中氧气与氮之比	g－O$_2$/g－N	$r_{on}=2×32/14$

4.2.2 藻类动力学

在 NSMⅡ 中的藻类模拟是建立在先前的营养盐模拟模块Ⅰ上的，NSMⅡ 允许定义三个藻类群组。这些群组可以根据它们的功能来定义。每个群组都是由相同的动力学方程来管理。各群组之间的区别体现在使用不用的参数值。对于每个藻类群组，每个变量的化学计量比都应该受到重视。藻类源（＋）和汇（－）包括光合作用或生长，呼吸，死亡以及沉积。由于低氧导致的藻类呼吸衰减系数可以应用半饱和函数计算，对于每个藻类群组，藻类生物量内部源（＋）和汇（sink）（－）的方程可以写成

$$\frac{dA_{pi}}{dt}=\mu_{pi}(T)\cdot A_{pi} \qquad 藻类生长$$

$$-F_{Oxpi}k_{rpi}(T)\cdot A_{pi} \qquad 藻类呼吸$$

$$-k_{dpi}(T)\cdot A_{pi} \qquad 藻类死亡$$

$$(4.1)$$

$$-\frac{v_{sai}}{h}A_{pi} \qquad\qquad 藻类沉淀$$

式中：A_{pi} 为藻类，$\mu g-Chla \cdot L^{-1}$；$\mu_{pi}(T)$ 为第 i 种藻类群组生长速率，d^{-1}；$k_{rpi}(T)$ 为第 i 种藻类群组呼吸速率，d^{-1}；$k_{dpi}(T)$ 为第 i 种藻类群组死亡速率，d^{-1}；v_{sai} 为第 i 种藻类群组沉降速率，$m \cdot d^{-1}$；F_{Oxpi} 为对于藻类呼吸的氧气衰减系数（$0 \sim 1.0$）。

公式中的下标 i 表示某一特定的藻类群组。

由于低氧导致藻类呼吸衰减的系数可以应用半饱和函数计算，即

$$F_{Oxpi}=\frac{DO}{(K_{sOxpi}+DO)} \tag{4.2}$$

式中：K_{sOxpi} 为藻类呼吸半饱和氧气衰减常数，$mg-O_2 \cdot L^{-1}$。

藻类生物量通过叶绿素 a 和总干重计算

$$Chla=\sum_1^3 A_{pi} \tag{4.3a}$$

$$A_{pd}=\sum_1^3 r_{dai}A_{pi} \tag{4.3b}$$

式中：$Chla$ 为叶绿素 a 含量，$\mu g-Chla \cdot L^{-1}$；r_{dai} 为藻类 D：叶绿素 a 比率，$mg-D/\mu g-Chla$；A_{pd} 为藻类（干重），$mg-D \cdot L^{-1}$。

4.2.3　藻类生长速率

藻类的生长依赖于光、温度以及营养水平，这些因素会改变最大生长速率，使其与环境条件匹配（Kiffney and Bull，2000；Weckstrom and Korhola，2001；Cascallar et al. 2003）。藻类生长速率是一个复杂的函数，由现有藻类的种类和它们对太阳辐射、温度不同反应，以及营养物质供应和藻类需求之间的平衡组成。藻类生长的温度、营养物质以及光照采用乘积法进行模拟。对于每个藻类群组，其生长率由最大潜在生长速乘以由于受到温度、光照、氮、磷的限制而产生的最小值来决定；当计算硅藻时，还应考虑二氧化硅受限而产生的最小值。

$$\mu_{pi}(T)=\mu_{mxpi}FT_{pi}FN_{pi}FL_{pi} \tag{4.4}$$

式中：μ_{mxpi} 为第 i 种藻类群组的最大生长速率，d^{-1}；FT_{pi} 为由于温度限制第 i 种藻类群组系数；FN_{pi} 为由于氮限制第 i 种藻类群组系数（$0 \sim 1.0$）；FL_{pi} 为由于光照限制第 i 种藻类群组系数（$0 \sim 1.0$）。

需要注意的是营养盐模拟模块 Ⅱ 中不包括营养盐模拟模块 Ⅰ 中的营养物质限制和调和平均数选项。乘积法基本体现了藻类群组生长限制。

4.2.3.1　温度限制

在 NSM Ⅰ 中，Arrhenius 方程或 θ 温度函数被用于调整基本上所有的动力学速率。该修正函数不能考虑在最适宜温度下的藻类生长。在 NSM Ⅱ 中，藻类群组的生长速率受到最适宜温度的影响，这种最适宜的温度是指，在某一温度下，藻类最大化生长，并减少在此温度的波动。在这种方式下，生长在冬季、夏季以及秋季的藻类生长峰值将会出现在一年的不同时间内，且最适宜温度也将会处于不同的温度范围。作为一个温度函数，藻类的生长会随着温度的增加而增加，直到达到一个最适宜的温度。高于最适宜的温度，藻类的生长将会下降，直到藻类死亡（图 4.2）。这种函数类似于高斯概率曲线，但不同于 NSM Ⅰ

中的 Arrhenius 方程。在 NSM Ⅱ 中，对于藻类生长的温度校正算法改编于 ICM。

$$FT_{pi} = e^{-kt_{p1i}(T_w - T_{opi})^2} \quad T_w \leqslant T_{opi} \tag{4.5a}$$

$$FT_{pi} = e^{-kt_{p2i}(T_{opi} - T_w)^2} \quad T_w > T_{opi} \tag{4.5b}$$

式中：T_{opi} 为藻类生长的最适宜温度，℃；kt_{p1i} 为低于最适宜温度对藻类生长的影响，℃$^{-2}$；kt_{p2i} 为高于最适宜温度对藻类生长的影响，℃$^{-2}$。

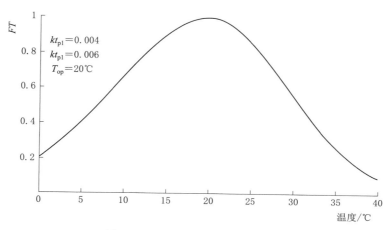

$kt_{p1} = 0.004$
$kt_{p1} = 0.006$
$T_{op} = 20℃$

图 4.2　温度对藻类生长影响曲线

4.2.3.2　光照限制

光照是影响藻类生长的最重要的限制因素，其次是氮和磷的限制。光照对于藻类生长速率的影响，通常假设光在水中的衰减遵循 Beer – Lambert 定律。有很多种模型可以量化光照对藻类生长限制的影响：Half – saturation 函数（Baly，1935），Smith's 函数（Smith，1936）和 Steele's 函数（Steele，1962）。这些函数已经在 NSM Ⅰ 中进行了解释。

Half – saturation 函数

$$FL_{pi} = \frac{1}{\lambda \cdot h} \ln\left(\frac{K_{Li} + I_0}{K_{Li} + I_0 \cdot e^{-\lambda \cdot h}}\right) \tag{4.6}$$

Smith's 函数

$$FL_{pi} = \frac{1}{\lambda \cdot h} \ln\left(\frac{\dfrac{I_0}{K_{Li}} + \sqrt{1 + \left(\dfrac{I_0}{K_{Li}}\right)^2}}{\dfrac{I_0}{K_{Li}} e^{-\lambda \cdot h} + \sqrt{1 + \left(\dfrac{I_0}{K_{Li}} e^{-\lambda \cdot h}\right)^2}}\right) \tag{4.7}$$

Steele's 函数

$$FL_{pi} = \frac{2.718}{\lambda \cdot h}\left[e^{-\left(\frac{I_0}{K_{Li}}\right)e^{-\lambda \cdot h}} - e^{-\left(\frac{I_0}{K_{Li}}\right)}\right] \tag{4.8}$$

式中：λ 为光照衰减系数，m^{-1}；K_{Li} 为光照限制藻类生长常数，$W \cdot m^{-2}$。

4.2.3.3　营养水平限制

必须评估不同的营养水平对藻类生长速度的影响。藻类至少需要一些关键的营养物质来刺激生长。随着营养水平的增加，藻类生长开始。然而，如果水中的营养水平一直不断

提高，那么藻类生长速率的效果将会降低。对于每一种藻类群组，营养限制系数可以表达为

$$FN_{pi} = \min\left[\frac{(NH_4 + NO_3)}{K_{sNpi} + (NH_4 + NO_3)}, \frac{DIP}{K_{sPpi} + DIP}\right] \qquad (4.9a)$$

式中：NH_4 为氨含量，$mg - N \cdot L^{-1}$；NO_3 为硝酸盐含量，$mg - N \cdot L^{-1}$；DIP 为可溶解性无机磷含量，$mg - P \cdot L^{-1}$；K_{sNpi} 为半饱和氮限制藻类增长含量，$mg - N \cdot L^{-1}$；K_{sPpi} 为半饱和磷限制藻类增长含量，$mg - P \cdot L^{-1}$。

当对硅藻进行模拟时，氧化硅作为营养限制因素的一部分，应该被包括在其中。其他藻类群组因为不需要氧化硅作为其生长的条件，因此氧化硅并不作为它们的限制性营养物。在硅藻物种中，从某种意义上讲，氧化硅的限制作用与氮、磷的限制作用是相似的，由于低二氧化硅的存在，硅藻物种生长速度会降低。营养限制因素中的氧化硅的限制可以表示为

$$FN_{pi} = \min\left[\frac{(NH_4 + NO_3)}{K_{Npi} + (NH_4 + NO_3)}, \frac{DIP}{K_{sPpi} + DIP}, \frac{DSi}{K_{sSipi} + DSi}\right] \qquad (4.9b)$$

式中：DSi 为可溶解性二氧化硅，$mg - Si \cdot L^{-1}$；K_{sSipi} 为限制藻类生长的半饱和硅常数，$mg - Si \cdot L^{-1}$。

4.2.4　氮吸收倾向

对于藻类来说，氮和磷是蛋白质和酶进行同化过程必不可少的物质，藻类通过消耗铵根、硝酸盐以及无机磷来减少在水中的营养物质的浓度。对可溶性硅的吸收是物种所必须的。除了硅藻外，其他藻类群组不需要二氧化硅来维持它们的生长。通过同化作用，这些营养物质转化为用作食物来源的有机材料。未用于食物中的有机物质会部分分解，这会进一步影响水体中的氧气和营养水平。尽管藻类对铵根和硝酸盐均吸收，但是他们更倾向于前者的原因已经得到证实，即由于藻类的生理原因造成的（Walsh and Dugdale，1972）。藻类和其他微生物倾向于铵根的程度高于硝酸盐。Stanley 和 Hobbie 在 1981 年观察到尽管铵根的浓度只有硝酸盐浓度的一半，但是河流浮游植物吸收铵根的量是吸收硝酸盐量的3 倍，这就意味着铵根的周转率是硝酸盐周转率的 6 倍。

藻类倾向于铵根的影响因素定义为藻类对铵根和硝酸盐的相对倾向。把铵根作为氮源进行摄取的藻类的倾向分数被表示为

$$P_{Npi} = \frac{NH_4 \cdot NO_3}{(k_{snxpi} + NH_4)(k_{snxpi} + NO_3)} + \frac{NH_4 \cdot k_{snxpi}}{(NH_4 + NO_3)(k_{snxpi} + NO_3)} \qquad (4.10)$$

式中：k_{snxpi} 为藻类吸收的半饱和铵根倾向常数，$mg - N \cdot L^{-1}$；P_{Npi} 为藻类从铵根中吸收氮的倾向分数（0～1.0）。

4.2.5　藻类死亡和沉积

藻类死亡的发生是对不利环境条件的响应。由于自身溶解和寄生的原因，浮游植物在某种压力下的死亡率可能会大大增加（Harris，1986）。这种压力的变化包括营养消耗，不适宜的温度和光线的影响（LeCren and Lowe - McConnell，1980）。假设藻类死亡的一部分转化为难降解有机物，另外一小部分转化为活性有机质。沉入底部的浮游植物（与底栖藻类没有联系）被认为是沉积有机物。对于沉积物来说，沉积藻类可以是营养物质的主要来源，同时在沉积物需氧量方面扮演着重要的角色。据报道称，藻类沉降率范围通常为

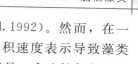

$0.1 \sim 5\text{m} \cdot \text{d}^{-1}$（Bienfang et al. 1982；Riebesell，1989；Waite et al. 1992）。然而，在一些情况下，沉降速率会是零或者是负的。在 NSM Ⅱ 中使用的藻类沉积速度表示导致藻类向下输送的所有生理和行为过程的净效应。在自然水域中，实际沉降是一个比较复杂的现象，会受垂直湍流、密度梯度，以及不同物种的藻类的生理状态影响。每个藻类群组沉积速度被指定作为输入参数。

4.2.6　光照衰减系数

采用 NSM Ⅰ 中相同的计算方法计算光照衰减系数（λ）。在水体中的光照衰减系数是背景衰减（λ_0）、无机材料的衰减（λ_s）、有机物质（λ_m）、线性和非线性叶绿素 a（λ_1，λ_2）的总和。

$$\lambda = \lambda_0 + \lambda_s \sum m_n + \lambda_m POM + \lambda_1 Chla + \lambda_2 (Chla)^{\frac{2}{3}} \tag{4.11}$$

式中：λ_0 为背景光衰减，m^{-1}；λ_s 为由无机悬浮物造成的光照衰减，$\text{L} \cdot \text{mg}^{-1} \cdot \text{m}^{-1}$；$\lambda_m$ 为由有机物造成的光照衰减，$\text{L} \cdot \text{mg}^{-1} \cdot \text{m}^{-1}$；$\lambda_1$ 为由藻类造成的线性光照衰减，$\text{m}^{-1} \cdot (\mu g - Chla \cdot \text{L}^{-1})^{-1}$；$\lambda_2$ 为由藻类造成的非线性光照衰减，$\text{m}^{-1} \cdot (\mu g - Chla \cdot \text{L}^{-1})^{-2/3}$；$POM$ 为颗粒有机物，$\text{mg} - \text{D} \cdot \text{L}^{-1}$；$m_n$ 为无机悬浮固体浓度"n"，$\text{mg} \cdot \text{L}^{-1}$。

4.3　底栖藻类

在 NSM Ⅱ 中，底栖藻类是可选状态变量。底栖藻类是以底栖生物沉积物面积进行计算，以单位底部区域生物质进行量化。除额外考虑温度限制因素，底栖藻类在 NSM Ⅱ 中的模型与 NSM Ⅰ 中的底栖藻类一样。底栖藻类的生长需要消耗营养物质，并产生氧气。底栖藻类也会死亡，然后回收溶解成为颗粒有机物，这会增加水中碳池和营养物池。

4.3.1　化学计量比

表 4.3 总结了在 NSM Ⅱ 中底栖藻类的相关化学计量比。底栖藻类中的氮、磷和碳可以转化为生物量干重或任何其他单位。

表 4.3　　　　　　　　　在 NSM Ⅱ 内部计算的底栖藻类化学计量比

符　号	定　　义	单　　位	公　　式
r_{nb}	底栖藻类 N 与 D 之比	$\text{mg} - \text{N}/\text{mg} - \text{D}$	$r_{nb} = BW_n/BW_d$
r_{pb}	底栖藻类 P 与 D 之比	$\text{mg} - \text{P}/\text{mg} - \text{D}$	$r_{pb} = BW_p/BW_d$
r_{cb}	底栖藻类 C 与 D 之比	$\text{mg} - \text{C}/\text{mg} - \text{D}$	$r_{cb} = BW_c/BW_d$
r_{ab}	底栖叶绿素 a 与 D 之比	$\mu g - Chla/\text{mg} - \text{D}$	$r_{ab} = BW_a/BW_d$

4.3.2　底栖藻类动力学

底栖藻类按照单元底部面积密度作为干重生物量（$\text{g} - \text{D} \cdot \text{m}^{-2}$）计算。用于底栖藻类生物量生长、呼吸和死亡的质量平衡方程可以写成

$$\frac{\text{d}A_b}{\text{d}t} = \mu_b(T) \cdot A_b \qquad \text{底栖藻类生长}$$

$$- F_{oxb} k_{rb}(T) \cdot A_b \qquad \text{底栖藻类呼吸}$$

$$-k_{db}(T) \cdot A_b \qquad \text{底栖藻类死亡} \tag{4.12}$$

式中：A_b 为底栖藻类生物量，$g-D \cdot m^{-2}$；$\mu_b(T)$ 为底栖藻类生长率，d^{-1}；$k_{rb}(T)$ 为底栖藻类基础呼吸速率，d^{-1}；$k_{db}(T)$ 为底栖藻类死亡率，d^{-1}；F_{Oxb} 为底栖藻类呼吸氧气衰减因子（0～1.0）。

采用半饱和函数计算由于低氧造成底栖藻类呼吸衰减的因子

$$F_{Oxb} = \frac{DO}{(K_{sOxb} + DO)} \tag{4.13}$$

式中：K_{sOxb} 为对底栖藻类呼吸的半饱和氧气衰减系数，$mg-O_2 \cdot L^{-1}$。

底栖藻类生物量可以转变成叶绿素 a，其计算公式为

$$Chlb = r_{ab}A_b \tag{4.14}$$

式中：r_{ab} 为底栖叶绿素 a：D 比率，$\mu g-Chla/mg-D$；$Chlb$ 为底栖叶绿素 a，$mg-Chla \cdot m^{-2}$。

4.3.3 底栖藻类生长速率

在 NSM Ⅱ 中，底栖藻类动力学速率正如先前完成的 NSM Ⅰ 一样，差异在于温度限制因素的计算方式。底栖藻类的生长速率是温度、营养以及光照的函数。不同于水体中的藻类，计算底栖藻类的生长采用的是底部光照而不是水体平均光照，即

$$\mu_b(T) = \mu_{mxb}FT_bFL_bFN_bFS_b \tag{4.15}$$

式中：μ_{mxb} 为最大底栖藻类生长速度，d^{-1}；FT_b 为对底栖藻类生长的温度影响因子；FN_b 为底栖藻类生长的营养物质限制因子（0～1.0）；FL_b 为底栖藻类生长的光照限制因子（0～1.0）；FS_b 为底栖藻类生长的空间密度限制因子（0～1.0）。

4.3.3.1 温度限制

NSM Ⅰ 中的 θ 函数用于计算温度限制因素。采用应用于浮游藻类的高斯温度函数来模拟温度对底栖藻类生长速率的影响，即

$$FT_b = e^{-kt_{b1}(T_w - T_{Ob})^2} \qquad T_w \leqslant T_{Ob} \tag{4.16a}$$

$$FT_b = e^{-kt_{b2}(T_{Ob} - T_w)^2} \qquad T_w > T_{Ob} \tag{4.16b}$$

式中：T_{Ob} 为底栖藻类生长的最适宜温度，$℃$；kt_{b1} 为低于最适宜温度对底栖藻类生长的影响，$℃^{-2}$；kt_{b2} 为高于最适宜温度对底栖藻类生长的影响，$℃^{-2}$。

4.3.3.2 光照限制

对于计算底栖海藻光限制因素，有 3 种可供选择的公式。这些公式已在 NSM Ⅰ 中进行了解释。

Half - saturation 函数

$$FL_b = \frac{I_0 \cdot e^{-\lambda \cdot h}}{K_{Lb} + I_0 \cdot e^{-\lambda \cdot h}} \tag{4.17}$$

Smith's 函数

$$FL_b = \frac{I_0 \cdot e^{-\lambda \cdot h}}{\sqrt{K_{Lb}^2 + (I_0 \cdot e^{-\lambda \cdot h})^2}} \tag{4.18}$$

Steele's 函数

$$FL_b = \frac{I_0 \cdot e^{-\lambda \cdot h}}{K_{Lb}} e^{\left(1 - \frac{I_0 \cdot e^{-\lambda \cdot h}}{K_{Lb}}\right)} \tag{4.19}$$

式中：K_{Lb} 为底栖藻类生长的光照限制常数，$W \cdot m^{-2}$。

4.3.3.3 营养水平限制

对于限制底栖藻类生长的氮和磷因素可采用半饱和函数进行表示，即

$$FN_b = \min\left[\frac{NH_4 + NO_3}{K_{sNb} + (NH_4 + NO_3)}, \frac{DIP}{K_{sPb} + DIP}\right] \qquad (4.20)$$

式中：K_{sNb} 为半饱和氮限制底栖藻类生长含量，$mg - N \cdot L^{-1}$；K_{sPb} 为半饱和磷限制底栖藻类生长含量，$mg - N \cdot L^{-1}$。

4.3.3.4 空间限制

由于底部空间造成的底栖藻类生长的衰减计算公式为

$$FS_b = 1 - \frac{A_b}{K_{Sb} + A_b} \qquad (4.21)$$

式中：K_{Sb} 为底栖藻类生长的半饱和密度常数。

4.3.4 氮吸收倾向

底栖藻类氮的吸收率取决于两个可用的来源，分别是铵根和硝酸盐。以铵根作为氮源的底栖藻类的倾向分数可以表示为

$$P_{Nb} = \frac{NH_4 \cdot NO_3}{(k_{snxb} + NH_4)(k_{snxb} + NO_3)} + \frac{NH_4 \cdot k_{snxb}}{(NH_4 \cdot NO_3)(k_{snxb} + NO_3)} \qquad (4.22)$$

式中：k_{snxb} 为底栖藻类吸收的半饱和铵根倾向常数，$mg - N \cdot L^{-1}$；P_{Nb} 为底栖藻类生长的铵根倾向分数（$0 \sim 1.0$）。

底栖藻类的死亡有助于增加颗粒有机物在沉积物中的浓度。底栖藻类转化到颗粒沉积有机物质的贡献被定义为死亡率的一部分。

4.4 氮类

在地表水中，氮通常以 NO_3、NO_2、NH_4、DON 和 PON 的形式存在（Meybeck，1982）。溶解态有机氮（DON）的浓度常常超过 DIN 的浓度，包括 NO_3、NO_2 和 NH_4 等。在天然水域中，溶解态有机氮（DON）并不是惰性的，而是氮循环中重要的源和汇（Berman and Bronk，2003）。与 NSM I 相比，溶解态有机氮（DON）被定义为一个状态变量。无生命颗粒有机氮被表示为两个状态变量，分别是难溶颗粒态有机氮 RPON 和易分解颗粒态有机氮 LPON。图 4.3 展示了在 NSM II 中涉及到的氮类型和在水体中的简化氮循环的概述。在 NSM II 中 5 种氮状态变量分别为 RPON、LPON、DON、NH_4 以及 NO_3。

颗粒有机氮无论是难溶还是易溶，经过水解过程后分解为 DOWN。溶解态有机氮（DON）通过硝化反应，消耗 NO_2 和 NO_3，矿化为 NH_4 的形式。无机氮的主要内部来源是有机氮转变为 NH_4。硝化反应是一个有氧反应，所以当 DO 浓度降低到一定值以下时，反应就会减少。因此，硝化反应是依赖于 DO 浓度和水温的。NO_3 反硝化到氮气是一种厌氧反应，随温度变化而变化。无机氮主要的汇是藻类的吸收。在藻类生长过程中，NH_4 和 NO_3 被利用，然而，在其生长过程中，优选的形式是 NH_4。NH_4 和 NO_3 各自的

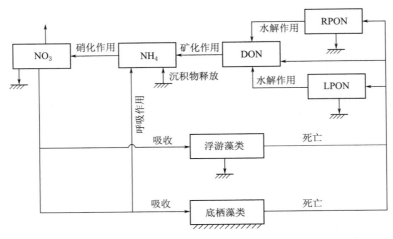

图 4.3   NSM Ⅱ中的主要建模流程和在水体中的氮类型

吸收速率是相对于可用的溶解无机氮浓度的函数。在藻类呼吸和死亡过程中，藻细胞的一小部分以 NH_4 的形式返回到无机氮池。剩余部分再循环到溶解和颗粒有机氮池。图 4.3 展示了底栖藻类通过生长、呼吸和死亡的过程连接的整个氮循环过程。

硝化速率基于 DO 和 NH_4 采用 Michaelis - Menten 动力学公式来计算。第一个函数减弱了由于低 DO 浓度引起的硝化作用，第二个函数考虑了 NH_4 浓度对硝化的作用。反硝化作用包括水体和底栖沉积物中。NH_4 和 NO_3 的沉积物—水通量要么是水体中这些营养物质的一个源，要么是水体中这些营养物质的一个汇。如果引入沉积物成岩模块（第 5章），则 NH_4 和 NO_3 的沉积物—水通量被明确地计算出来，否则从河床沉积物释放的无机氮是需要由用户指定的。表 4.4 介绍了包含在 NSM Ⅱ 中氮状态变量的途径（源汇项）。

表 4.4   在 NSM Ⅱ中氮状态变量的主要途径

状态变量	源（＋）	汇（—）
$RPON$	藻类死亡（A_p→RPON）	水解（RPON→DON） 沉淀（RPON→Bed）
$LPON$	藻类死亡（A_p→LPON）	水解（LPON→DON） 沉淀（LPON→Bed）
DON	LPON 和 RPON 的水解（RPON→DON,LPON→DON） 藻类呼吸（A_p→DON）	矿化（DON→NH_4）
NH_4	藻类呼吸（A_p→NH_4） 矿化（DON→NH_4） 沉积物释放（Bed↔NH_4）	藻类吸收（NH_4→A_p） 硝化（NH_4→NO_3）
NO_3	硝化（NH_4→NO_3）	藻类吸收（NO_3→A_p） 反硝化（NO_3→N_2） 沉积物反硝化（NO_3↔Bed）

在表 4.4 中的源汇项总和可用于随后计算的每个氮状态变量的净速率。

4.4.1　状态变量

在水体中的氮状态变量（RPON，LPON，DON，NH_4，NO_3）的源汇项计算为

稳定有机氮（RPON）

$$\frac{\partial RPON}{\partial t} = F_{rponp} \sum_{i}^{3} k_{dpi}(T) \cdot r_{nai} A_{pi} \qquad \text{藻类死亡}(A_p \rightarrow RPON)$$

$$- k_{rpon}(T) \cdot RPON \qquad \text{RPON 水解}(RPON \rightarrow DON)$$

$$- \frac{v_{sr}}{h} RPON \qquad \text{RPON 沉淀}(RPON \rightarrow Bed)$$

$$+ \frac{1}{h} F_{rponb} k_{db}(T) \cdot r_{nb} A_b F_b F_w \qquad \text{底栖藻类死亡}(A_b \rightarrow RPON) \qquad (4.23)$$

式中：$RPON$ 为难溶颗粒态有机氮，$mg - N \cdot L^{-1}$；F_{rponp} 为底栖藻类死亡率与 RPON 的比值（0～1.0）；$k_{rpon}(T)$ 为难溶颗粒态有机氮的水解率，d^{-1}；v_{sr} 为难降解有机颗粒（C，N，P）沉降速度，$m \cdot d^{-1}$；F_{rponb} 为底栖藻类死亡率与 RPON 的比值（0～1.0）；F_w 为水体中的底栖藻类死亡比例（0～1.0）；F_b 为可用于底栖藻类生长的底部区域部分（0～1.0）。

不稳定的颗粒有机氮（LPON）

$$\frac{LPON}{t} = F_{lponp} \sum_{i}^{3} k_{dpi}(T) \cdot r_{nai} A_{pi} \qquad \text{藻类死亡}(A_p \rightarrow LPON)$$

$$- k_{lpon}(T) \cdot LPON \qquad \text{不稳定颗粒有机氮水解}(LPON \rightarrow DON)$$

$$- \frac{v_{sl}}{h} LPON \qquad \text{不稳定颗粒有机氮沉淀}(LPON \rightarrow Bed)$$

$$+ \frac{1}{h} F_{lponb} k_{db}(T) \cdot r_{nb} A_b F_b F_w \qquad \text{底栖藻类死亡}(A_b \rightarrow LPON) \qquad (4.24)$$

式中：$LPON$ 为易分解颗粒态有机氮，$mg - N \cdot L^{-1}$；F_{lponp} 为藻类死亡率与 $LPON$ 的比值（0～1.0）；$k_{lpon}(T)$ 为易分解颗粒态有机氮水解率，d^{-1}；v_{sl} 为难降解有机颗粒（C，N，P）沉降速度，$m \cdot d^{-1}$；F_{lponb} 为底栖藻类死亡率与 $LPON$ 的比值（0～1.0）。

溶解态有机氮（DON）

$$\frac{\partial DON}{\partial t} = k_{rpon}(T) \cdot RPON \qquad \text{RPON 水解}(RPON \rightarrow DON)$$

$$+ k_{lpon}(T) \cdot LPON \qquad \text{LPON 水解}(LPON \rightarrow DON)$$

$$- \frac{DO}{K_{sOxmn} + DO} k_{don}(T) \cdot DON \qquad \text{DON 矿化}(DON \rightarrow NH_4)$$

$$+ (1 - F_{rponp} - F_{lponp}) \sum_{i}^{3} k_{dpi}(T) \cdot r_{nai} A_{pi} \qquad \text{藻类死亡}(A_p \rightarrow DON)$$

$$+ \frac{1}{h} (1 - F_{rponb} - F_{lponb}) k_{db}(T) \cdot r_{nb} A_b F_b F_w \qquad \text{底栖藻类死亡}(A_b \rightarrow DON) \qquad (4.25)$$

式中：DON 为溶解态有机氮，$mg - N \cdot L^{-1}$；$k_{don}(T)$ 为溶解态有机氮的矿化速率，d^{-1}；K_{sOxmn} 为溶解态有机氮矿化的半饱和氧衰减常数，$mg - O_2 \cdot L^{-1}$。

铵（NH_4）

$$\frac{NH_4}{t} = \frac{DO}{K_{sOxmn} + DO} k_{don}(T) \cdot DON \qquad \text{溶解态有机氮矿化（DON→NH}_4\text{）}$$

$$- \frac{DO}{K_{sOxna} + DO} \frac{NH_4}{K_{sNh_4} + NH_4} k_{nit}(T) \cdot NH_4 \quad NH_4 \text{ 硝化（NH}_4\text{→NO}_3\text{）}$$

$$+ \sum_i^3 F_{Oxpi} k_{rpi}(T) \cdot r_{nai} A_{pi} \qquad \text{藻类呼吸（A}_p\text{→NH}_4\text{）}$$

$$- \sum_i^3 P_{Npi} \mu_{pi}(T) \cdot r_{nai} A_{pi} \qquad \text{藻类吸收（NH}_4\text{→A}_p\text{）}$$

$$+ \frac{1}{h} F_{Oxb} k_{rb}(T) \cdot r_{nb} A_b F_b \qquad \text{底栖藻类呼吸（A}_b\text{→NH}_4\text{）}$$

$$- \frac{1}{h} p_{Nb} \mu_b(T) \cdot r_{nb} A_b F_b \qquad \text{底栖藻类吸收（NH}_4\text{→A}_b\text{）}$$

$$+ \frac{1}{h} r_{nh_4} \qquad \text{沉积物释放（Bed↔NH}_4\text{）} \qquad (4.26)$$

式中：$k_{nit}(T)$ 为硝化速率，d^{-1}；r_{nh_4} 为 NH_4 的沉积物释放率，$g - N \cdot m^{-2} \cdot d^{-1}$；$K_{sOxna}$ 为硝化作用的半饱和氧衰减常数，$mg - O_2 \cdot L^{-1}$。

酸盐（NO_3）

$$\frac{NO_3}{t} = \frac{DO}{K_{sOxna} + DO} \frac{NH_4}{K_{sNh_4} + NH_4} k_{nit}(T) \cdot NH_4 \quad NH_4 \text{ 硝化（NH}_4\text{→NO}_3\text{）}$$

$$- \left(1 - \frac{DO}{K_{sOxdn} + DO}\right) k_{dnit}(T) \cdot NO_3 \qquad NO_3 \text{ 反硝化（NO}_3\text{→Loss）}$$

$$- \sum_i^3 (1 - P_{Npi}) \mu_{pi}(T) \cdot r_{nai} A_{pi} \qquad \text{藻类吸收（NO}_3\text{→A}_p\text{）}$$

$$- \frac{1}{h}(1 - P_{Nb}) \mu_b(T) \cdot r_{nb} A_b F_b \qquad \text{底栖海藻从 NO}_3 \text{ 吸收（NO}_3\text{→A}_b\text{）}$$

$$- \frac{v_{no_3}}{h} NO_3 \qquad \text{沉积物反硝化（NO}_3\text{↔Bed）} \quad (4.27)$$

式中：$k_{dnit}(T)$ 为反硝化速率，d^{-1}；K_{sOxdn} 为反硝化作用半饱和的氧气抑制常数，$mg - O_2 \cdot L^{-1}$；v_{no_3} 为沉积物反硝化速率，$m \cdot d^{-1}$。

4.4.2 衍生变量

氮类型相关变量的计算公式为

$$DIN = NH_4 + NO_3 \qquad (4.28a)$$

$$TON = DON + LPON + RPON + \sum_i^3 r_{nai} A_{pi} \qquad (4.28b)$$

$$TKN = NH_4 + TON \qquad (4.28c)$$

$$TN = NO_3 + TKN \qquad (4.28d)$$

式中：DIN 为溶解态无机氮，$mg - N \cdot L^{-1}$；TON 为总有机氮，$mg - N \cdot L^{-1}$；TKN 为总凯氏氮，$mg - N \cdot L^{-1}$；TN 为总氮，$mg - N \cdot L^{-1}$。

4.5　磷类

磷存在于水溶性有机化合物如 DNA 和 RNA（统称为溶解态有机磷 - DOP），以及一些不溶解（微粒）形式。类似于氮循环，在 NSM Ⅱ 中，DOP 作为状态变量，代表颗粒有机磷有两个状态变量：难溶和易分解的颗粒态有机磷（RPOP 和 LPOP）。类似 NSM Ⅰ，TIP 是作为一个单一的状态变量，TIP 主要由溶解态无机磷（DIP）和颗粒状无机磷（PIP）两者组成。图 4.4 展示出的是 NSM Ⅱ 中磷的主要模拟过程和水体中的磷类型。在 NSM Ⅱ 中 4 种磷状态变量分别是：RPOP，LPOP，DOP 和 TIP。

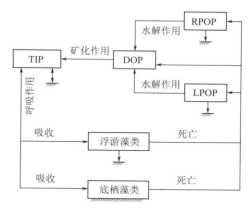

图 4.4　NSM Ⅱ 中磷的主要模拟过程和水体中的磷类型

与颗粒氮沉淀到沉积物一样，颗粒态和溶解态有机磷通过相同的反应途径进行分解。有机磷的溶解形式进一步通过矿化作用分解成无机磷的形式。此外，通常情况下，由于磷强烈地吸附到沉积物和有机物上，所以与氮相比，要显得不活跃。作为藻类生长的必需营养物质，无机磷往往在其利用途径中丢失，或者通过沉积物通量损失到沉淀物。无机磷在溶解相和吸附在固体上的部分之间被分配，在 NSM Ⅱ 中对无机磷的吸附悬浮物进行模拟。在平衡时，无机磷在固体和水之间的分配是由一个线性均衡分配等温线来决定的。在沉积物底床上，如果启用可选的沉积物成岩模块（第 5 章），无机磷的沉积物—水通量可以在内部得到计算；否则，从沉积物底床中释放无机磷是需要用户指定输入的。大多数植物、藻类和细菌能够快速吸收磷，尤其是以磷酸盐的形式存在的磷，甚至是浓度很低的情况下。DIP 被假定为在吸收过程中完全可用的形式。藻类呼吸作用过程中释放的磷的一小部分是无机形式。图 4.4 展示了底栖藻类通过生长、呼吸和死亡的过程连接着整个磷的循环周期。表 4.5 给出了 NSM Ⅱ 中磷状态变量的路径和术语（源和汇）。

表 4.5　　　　　　　　　　在 NSM Ⅱ 中磷状态变量的主要途径

状态变量	源（+）	汇（—）
RPOP	藻类死亡（A_p→RPOP）	水解（RPOP→DOP） 沉淀（RPOP→Bed）
LPOP	藻类死亡（A_p→LPOP）	水解（LPOP→DOP） 沉淀（LPOP→Bed）
DOP	LPOP 和 RPOP 的水解（RPOP→DOP，LPOP→DOP） 藻类死亡（A_p→DOP）	矿化（DOP→DIP）
TIP	矿化（DOP→DIP） 藻类呼吸（A_p→DIP） 沉积物释放（Bed↔DIP）	藻类吸收（DIP→A_p） 藻类吸收（DIP→A_p）

表 4.5 中的源汇项总和可用于随后计算的每个磷状态变量的净速率。

4.5.1 状态变量

在水体中磷状态变量（RPOP，LPOP，DOP，TIP）源汇项的计算如下：

(1) 难降解颗粒态有机磷（RPOP）。

$$\frac{\partial RPOP}{\partial t} = F_{\text{rpopp}} \sum_{i}^{3} k_{\text{dp}i}(T) \cdot r_{\text{pa}i} A_{\text{p}i} \qquad \text{藻类死亡率}(A_{\text{p}} \rightarrow RPOP)$$

$$- k_{\text{rpop}}(T) \cdot RPOP \qquad \text{RPOP 水解}(RPOP \rightarrow DOP)$$

$$- \frac{v_{\text{sr}}}{h} RPOP \qquad \text{RPOP 沉淀}(RPOP \rightarrow Bed)$$

$$+ \frac{1}{h} F_{\text{rpopb}} k_{\text{db}}(T) \cdot r_{\text{pb}} A_{\text{b}} F_{\text{b}} F_{\text{w}} \qquad \text{底栖藻类死亡率}(A_{\text{b}} \rightarrow RPOP) \qquad (4.29)$$

式中：$RPOP$ 为难降解颗粒态有机磷，$\text{mg} - \text{P} \cdot \text{L}^{-1}$；$F_{\text{rpopp}}$ 为藻类死亡部分与 $RPOP$ 的比值（0～1.0）；$k_{\text{rpop}}(T)$ 为 $RPOP$ 水解率，d^{-1}；F_{rpopb} 为底栖藻类死亡部分占 $RPOP$ 的比值（0～1.0）。

(2) 易分解颗粒态有机磷（LPOP）。

$$\frac{\partial LPOP}{\partial t} = F_{\text{lpopp}} \sum_{i}^{3} k_{\text{dp}i}(T) \cdot r_{\text{pa}i} A_{\text{p}i} \qquad \text{藻类死亡率}(A_{\text{p}} \rightarrow LPOP)$$

$$- k_{\text{lpop}}(T) \cdot LPOP \qquad \text{LPOP 水解}(LPOP \rightarrow DOP)$$

$$- \frac{v_{\text{sl}}}{h} LPOP \qquad \text{LPOP 沉淀}(LPOP \rightarrow Bed)$$

$$+ F_{\text{lpopb}} k_{\text{db}}(T) \frac{1}{h} r_{\text{pb}} A_{\text{b}} F_{\text{b}} F_{\text{w}} \qquad \text{底栖藻类死亡}(A_{\text{b}} \rightarrow LPOP) \qquad (4.30)$$

式中：$LPOP$ 为易分解颗粒态有机磷，$\text{mg} - \text{P} \cdot \text{L}^{-1}$；$F_{\text{lpopp}}$ 为藻类死亡部分与 $LPOP$ 的比值（0～1.0）；$k_{\text{lpop}}(T)$ 为 LPOP 水解率，d^{-1}；F_{lpopb} 为底栖藻类死亡部分与 $LPOP$ 的比值（0～1.0）。

(3) 溶解态有机磷（DOP）。

$$\frac{\partial DOP}{\partial t} = k_{\text{rpop}}(T) \cdot RPOP \qquad \text{RPOP 水解}(RPOP \rightarrow DOP)$$

$$+ k_{\text{lpop}}(T) \cdot LPOP \qquad \text{LPOP 水解}(LPOP \rightarrow DOP)$$

$$- \frac{DO}{K_{\text{sOxmp}} + DO} k_{\text{dop}}(T) \cdot DOP \qquad \text{DOP 矿化}(DOP \rightarrow DIP)$$

$$+ (1 - F_{\text{rpopp}} - F_{\text{lpopp}}) \sum_{i}^{3} k_{\text{dp}i}(T) \cdot r_{\text{pa}i} A_{\text{p}i} \qquad \text{藻类死亡}(A_{\text{p}} \rightarrow DOP)$$

$$+ \frac{1}{h}(1 - F_{\text{rpopb}} - F_{\text{lpopb}}) k_{\text{db}}(T) \cdot r_{\text{pb}} A_{\text{b}} F_{\text{b}} F_{\text{w}} \qquad \text{底栖藻类死亡}(A_{\text{b}} \rightarrow DOP) \qquad (4.31)$$

式中：DOP 为溶解态有机磷，$\text{mg} - \text{P} \cdot \text{L}^{-1}$；$k_{\text{dop}}(T)$ 为 DOP 矿化速率，d^{-1}；K_{sOxmp} 为 DOP 矿化半饱和氧浓度，$\text{mg} - \text{O}_2 \cdot \text{L}^{-1}$。

(4) 总无机磷（TIP）。

$$\frac{\partial TIP}{\partial t} = \frac{DO}{K_{\text{sOxmp}} + DO} k_{\text{dop}}(T) \cdot DOP \qquad \text{DOP 矿化}(DOP \rightarrow DIP)$$

$$-\frac{v_{sp}}{h}f_{pp}TIP \qquad\qquad\qquad \text{TIP 沉淀（TIP→Bed）}$$

$$-\frac{v_{sp}}{h}f_{dp}TIP \qquad\qquad\qquad \text{藻类呼吸（A_p→DIP）}$$

$$-\sum_{i}^{3}\mu_{pi}(T)\cdot r_{pai}A_{pi} \qquad\qquad \text{藻类吸收（DIP→A_p）}$$

$$+\frac{1}{h}F_{Oxb}k_{rb}(T)\cdot r_{pb}A_bF_b \qquad \text{底栖藻类呼吸（A_b→DIP）}$$

$$-\frac{1}{h}\mu_b(T)\cdot r_{pb}A_bF_b \qquad\qquad \text{底栖藻类吸收（DIP→A_b）}$$

$$+\frac{1}{h}r_{po_4} \qquad\qquad\qquad\qquad \text{沉积物释放（Bed↔DIP）} \qquad (4.32)$$

式中：TIP 为总无机磷，$\text{mg}-\text{P}\cdot\text{L}^{-1}$；$r_{po_4}$ 为沉积物释放速率，$\text{g}-\text{P}\cdot\text{m}^{-2}\cdot\text{d}^{-1}$；$f_{dp}$，$f_{pp}$ 为无机磷溶解和颗粒部分（0~1.0）。

无机磷的颗粒和溶解分配是通过内部的平衡分配方法来计算的，即

$$f_{dp}=\frac{1}{1+10^{-6}\sum k_{dpo4n}m_n}=1-f_{pp} \qquad (4.33)$$

式中：k_{dpo4n} 为相对于固体的无机磷分配系数，L/kg。

4.5.2 衍生变量

有关磷的衍生变量的计算公式为

$$DIP=f_{dp}TIP \qquad\qquad\qquad (4.34a)$$

$$TOP=DOP+LPOP+RPOP+\sum_{i}^{3}r_{pa}(T)A_{pi} \qquad (4.34b)$$

$$TP=TIP+TOP \qquad\qquad\qquad (4.34c)$$

式中：DIP 为溶解态无机磷，$\text{mg}-\text{P}\cdot\text{L}^{-1}$；$TOP$ 为总有机磷，$\text{mg}-\text{P}\cdot\text{L}^{-1}$；$TP$ 为总磷，$\text{mg}-\text{P}\cdot\text{L}^{-1}$。

4.6 碳类

NSM Ⅱ中详细模拟了碳的循环过程，有机碳可以由4个状态变量来表示，分别是难溶和易分解溶解态有机碳（RDOC 和 LDOC），以及难溶和易分解的颗粒有机碳（RPOC 和 LPOC）。将溶解的有机碳分为易分解和难溶，明显地反映出内部与外部来源的碳具有显著性差异（Tillman et al. 2004）。在地表水中的溶解态有机碳通常是由少量的可生物降解的植物、藻类、细菌残留物和大量生物残留的难降解物质所组成。高活性的溶解态有机物，例如与污水处理厂有关的碳质输入物或在几天到一两个星期的时间尺度内衰变的污水排放组合物，被归类为 LDOC。溶解态有机碳会被氧化成 CO_2 和甲烷。正如磷和氮的颗粒部分沉降到沉积物一样，碳的颗粒和溶解的形式通过相同的反应途径分解。溶解态有机碳的氧化是需要氧气的。在低溶解氧条件下，反硝化反应消耗的是有机碳。DIC 的变化率与各藻类群体的净初级产量成正比，并通过植物光合作用而损失。DIC 的其他源汇途径包

括与大气交换、有机碳物质（即 RDOC，LDOC，CBOD）的氧化和反硝化作用。底栖藻类通过生长、呼吸和死亡的过程与碳循环紧密关联。图 4.5 所示为 NSM II 中碳的主要模拟过程和水体中的碳类型。

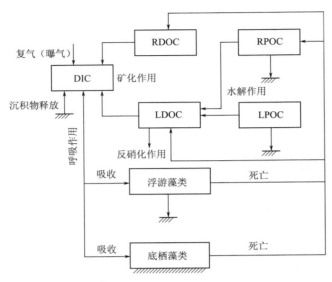

图 4.5　NSM II 中碳的主要模拟过程和水体中的碳类型

在 NSM II 中存在着 5 种碳状态变量，分别为 RPOC，LPOC，RDOC，LDOC 和 DIC。表 4.6 介绍了 NSM II 中的碳状态变量的主要途径（源与汇）。

表 4.6　　　　　　　　　　　　　NSM II 中的碳状态变量的主要途径

状态变量	源（＋）	汇（一）
RPOC	藻类死亡（A_p→RPOC）	水解（RPOC→LDOC） 沉淀（RPOC→Bed）
LPOC	藻类死亡（A_p→LPOC）	水解（LPOC→LDOC） 沉淀（LPOC→Bed）
RDOC	藻类死亡（A_p→RDOC）	矿化（RDOC→DIC）
LDOC	藻类死亡（A_p→LDOC） RPOC 和 LPOC 水解（RPOC→LDOC，LPOC→LDOC）	矿化（LDOC→DIC） 反硝化
DIC	曝气（Atm←DIC） 矿化作用（RDOC→DIC，LDOC→DIC） 叶绿体呼吸作用（A_p→DIC） 沉积物释放（Bed→DIC） 反硝化作用（Denitrification→DIC） CBOD 氧化作用（CBOD→DIC）	叶绿体光合作用（DIC→A_p）

在表 4.6 中的源汇项总和可用于随后计算的每个碳状态变量的净速率。

4.6.1　状态变量

在水体中的碳状态变量（$RPOC$，$LPOC$，$RDOC$，$LDOC$，DIC）的源汇项如下：

（1）难溶颗粒态有机碳（RPOC）。

$$\frac{\partial RPOC}{\partial t} = F_{\text{rpocp}} \sum_{i}^{3} k_{\text{d}pi}(T) \cdot r_{\text{ca}i} A_{\text{p}i} \qquad 藻类死亡（A_p \rightarrow RPOC）$$

$$- k_{\text{rpoc}}(T) \cdot RPOC \qquad RPOC 水解（RPOP \rightarrow LDOC）$$

$$- \frac{v_{\text{sr}}}{h} RPOC \qquad RPOC 沉淀（RPOC \rightarrow Bed）$$

$$+ \frac{1}{h} F_{\text{rpocb}} k_{\text{db}}(T) \cdot r_{\text{cb}} A_{\text{b}} F_{\text{b}} F_{\text{w}} \qquad 底栖藻类死亡（A_b \rightarrow RPOC） \qquad (4.35)$$

式中：$RPOC$ 为难溶颗粒态有机碳，$\text{mg} - \text{C} \cdot \text{L}^{-1}$；$F_{\text{rpocp}}$ 为藻类死亡部分与 $RPOC$ 的比值（0~1.0）；$k_{\text{rpoc}}(T)$ 为 $RPOC$ 水解率，d^{-1}；F_{rpocb} 为底栖藻类死亡部分与 $RPOC$ 的比值（0~1.0）。

（2）易分解颗粒态有机碳（LPOC）。

$$\frac{\partial LPOC}{\partial t} = F_{\text{lpocp}} \sum_{i}^{3} k_{\text{d}pi}(T) \cdot r_{\text{ca}i} A_{\text{p}i} \qquad 藻类死亡（A_p \rightarrow LPOC）$$

$$- k_{\text{lpoc}}(T) \cdot LPOC \qquad LPOC 水解（LPOP \rightarrow LDOC）$$

$$- \frac{v_{\text{sl}}}{h} LPOC \qquad LPOC 沉淀（LPOC \rightarrow Bed）$$

$$+ \frac{1}{h} F_{\text{lpocb}} k_{\text{db}}(T) \cdot r_{\text{cb}} A_{\text{b}} F_{\text{b}} F_{\text{w}} \qquad 底栖藻类死亡（A_b \rightarrow LPOC） \qquad (4.36)$$

式中：$LPOC$ 为易分解颗粒态有机碳，$\text{mg} - \text{C} \cdot \text{L}^{-1}$；$F_{\text{lpocp}}$ 为底栖藻类死亡部分与 LPOC 的比值（0~1.0）；$k_{\text{lpoc}}(T)$ 为 $LPOC$ 水解率，d^{-1}；F_{lpocb} 为底栖藻类死亡部分与 $LPOC$ 的比值（0~1.0）。

（3）难溶性溶解态有机碳（RDOC）。

$$\frac{\partial RDOC}{\partial t} = F_{\text{rdocp}} \sum_{i}^{3} k_{\text{d}pi}(T) \cdot r_{\text{ca}i} A_{\text{p}i} \qquad 藻类死亡（A_p \rightarrow RDOC）$$

$$- \frac{DO}{K_{\text{sOxmc}} + DO} k_{\text{rdoc}}(T) RDOC \qquad RDOC 矿化（RDOC \rightarrow DIC）$$

$$+ \frac{1}{h} F_{\text{rdocb}} k_{\text{db}}(T) \cdot r_{\text{cb}} A_{\text{b}} F_{\text{b}} F_{\text{w}} \qquad POM 分解（POM \rightarrow RDOC） \qquad (4.37)$$

式中：$RDOC$ 为难溶性溶解态有机碳，$\text{mg} - \text{C} \cdot \text{L}^{-1}$；$F_{\text{rdocp}}$ 为藻类死亡部分与 $RDOC$ 的比值（0~1.0）；$k_{\text{rdoc}}(T)$ 为 $RDOC$ 的矿化速率，d^{-1}；F_{rdocb} 为底栖藻类死亡部分与 $RDOC$ 的比值（0~1.0）；K_{sOxmc} 为 DOC 矿化半饱和氧浓度衰减常数，$\text{mg} - \text{O}_2 \cdot \text{L}^{-1}$。

（4）易分解溶解态有机碳（LDOC）。

$$\frac{\partial LDOC}{\partial t} = k_{\text{rpoc}}(T) \cdot RPOC \qquad RPOC 水解（RPOC \rightarrow LDOC）$$

$$+ k_{\text{lpoc}}(T) \cdot LPOC \qquad LPOC 水解（LPOC \rightarrow LDOC）$$

$$- \frac{DO}{K_{\text{sOxmp}} + DO} k_{\text{ldoc}}(T) \cdot LDOC \qquad LDOC 矿化（LDOC \rightarrow DIC）$$

$$- \frac{5 \times 12}{4 \times 14} \left(1 - \frac{DO}{K_{\text{sOxdn}} + DO}\right) k_{\text{dnit}}(T) \cdot NO_3 \qquad LDOC 硝化消耗$$

$$+1(1-F_{\text{rpocp}}-F_{\text{lpocp}}-F_{\text{rdocp}})\sum_{i}^{3}k_{\text{dp}i}(T)\cdot r_{\text{ca}i}A_{\text{p}i}$$

藻类死亡（A_p→LDOC）

藻类死亡（A_p→LDOC）

$$+\frac{1}{h}(1-F_{\text{rpocb}}-F_{\text{lpocb}}-F_{\text{rdocb}})k_{\text{db}}(T)\cdot r_{\text{cb}}A_{\text{b}}F_{\text{b}}F_{\text{w}}$$

底栖藻类死亡（A_b→LDOC）　　（4.38）

式中：$LDOC$ 为易分解溶解态有机碳，$mg\text{-}C\cdot L^{-1}$；$k_{\text{ldoc}}(T)$ 为 $LDOC$ 矿化速率，d^{-1}。

（5）溶解无机碳（DIC）。

$$12\times10^{3}\frac{\partial DIC}{\partial t}=+12k_{\text{ac}}(T)(10^{-3}k_{\text{H}}(T)p_{CO_2}-10^{3}F_{CO_2}DIC)$$

大气 CO_2 复氧（Atm↔DIC）

$$+\frac{DO}{K_{\text{sOxmp}}+DO}k_{\text{rdoc}}(T)\cdot RDOC \qquad \text{RDOC 矿化（RDOC→DIC）}$$

$$+\frac{DO}{K_{\text{sOxmp}}+DO}k_{\text{ldoc}}(T)\cdot LDOC \qquad \text{LDOC 矿化（LDOC→DIC）}$$

$$+\sum_{i}^{3}F_{\text{Oxp}i}k_{\text{rp}i}(T)\cdot r_{\text{ca}i}A_{\text{p}i} \qquad \text{藻类呼吸（A}_p\text{→DIC）}$$

$$-\sum_{i}^{3}\mu_{\text{p}i}(T)\cdot r_{\text{ca}i}A_{\text{p}i} \qquad \text{藻类光合作用（DIC→A}_p\text{）}$$

$$+\frac{1}{h}F_{\text{Oxb}}k_{\text{rb}}(T)\cdot r_{\text{cb}}A_{\text{b}}F_{\text{b}} \qquad \text{底栖藻类呼吸（A}_b\text{→DIC）}$$

$$-\frac{1}{h}\mu_{\text{b}}(T)\cdot r_{\text{cb}}A_{\text{b}}F_{\text{b}} \qquad \text{底栖藻类光合作用（DIC→A}_b\text{）}$$

$$+\frac{1}{r_{\text{oc}}}\sum\frac{DO}{K_{\text{sOxbod}i}+DO}k_{\text{bod}i}(T)\cdot CBOD_{i} \quad \text{CBOD 氧化（CBOD→DIC）}$$

$$+\frac{12}{64}\frac{DO}{K_{\text{sOch}_4}+DO}k_{\text{ch}_4}(T)\cdot CH_4 \qquad \text{CH}_4\text{ 氧化（CH}_4\text{→DIC）}$$

$$+\frac{1}{h}\frac{SOD(T)}{r_{\text{oc}}} \qquad \text{沉积物释放（Bed→DIC）}$$

（4.39）

式中：DIC 为溶解无机碳，$mol\cdot L^{-1}$；$k_{\text{ac}}(T)$ 为 CO_2 复氧率，d^{-1}；$k_{\text{H}}(T)$ 为亨利定律常数，$mol\cdot L^{-1}\cdot atm^{-1}$；$p_{CO_2}$ 为大气中 CO_2 的分压，ppm；F_{CO_2} 为总无机碳中的 CO_2 比例（0~1.0）。

4.6.2　衍生变量

颗粒有机物是 NSM II 中的衍生变量。悬浮微粒、胶体、溶解的有机物和藻类生物量中的碳量是 TOC 的一部分。TSS 包括所有的无机悬浮物组分和所有的有机物质。派生的碳变量的计算公式为

$$DOC=LDOC+RDOC \tag{4.40a}$$

$$POC=LPOC+RPOC \tag{4.40b}$$

$$POM=\frac{POC}{f_{\text{com}}} \tag{4.40c}$$

$$TOC = DOC + POC + \frac{\sum CBOD_i}{r_{oc}} + \sum_i^3 r_{cai} A_{pi} \qquad (4.40d)$$

$$TSS = \sum m_n + POM + r_{da} A_p \qquad (4.40e)$$

式中：f_{com} 为有机物质的碳的分数，$mg - C/mg - D$；DOC 为溶解态有机碳，$mg - C \cdot L^{-1}$；POC 为颗粒态有机碳，$mg - C \cdot L^{-1}$；POM 为颗粒态有机物，$mg - D \cdot L^{-1}$；TOC 为总有机碳，$mg - C \cdot L^{-1}$；TSS 为总悬浮固体，$mg - C \cdot L^{-1}$。

4.7 甲烷与硫化物

在水生生态系统中，甲烷和硫化物是沉积物分解有机物的两大副产品。在成岩模块中，这两大副产品得到模拟。因此，在 NSM Ⅱ 中，水体甲烷（CH_4）和总溶解硫化物（HXS）被定义为状态变量。这两种状态变量均被模拟为溶解的形式，单位为 $mg - O_2/L$。溶解的硫化物可以以硫化氢（H_2S）、二硫化碳离子（HS^-）和 S^{2-} 的形式存在。在大多数河流湖泊的 pH 范围内，可忽略不计的溶解硫（小于 0.5%）以 S^{-2} 形式存在，HS^- 和硫化氢之间的分配随 pH 而变化，较高的 pH 有利于 HS^-，较低的 pH 有利于 H_2S（APHA，1992）。在 pH 为 7.0 时，硫化物以硫化氢和半 HS^- 的形式存在。源和汇包括沉积物释放、氧化和挥发（大气复氧）（图 4.6）。表 4.7 展示了在 NSM Ⅱ 中甲烷和硫化物的主要途径（源和汇）。

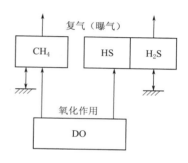

图 4.6　NSM Ⅱ 中甲烷与硫化物的主要模拟过程和水体中的甲烷与硫化物的类型

表 4.7 　　　　在 NSM Ⅱ 中甲烷和硫化物的主要途径

状态变量	源（+）	汇（-）
CH_4	大气复氧（$CH_4 \rightarrow$ Atm）	氧化（$CH_4 \rightarrow$ DIC） 沉积物释放（Bed$\leftrightarrow CH_4$）
H_2S	大气复氧（$H_2S \rightarrow$ Atm）	氧化 沉积物释放（Bed$\leftrightarrow H_2S$）

在大气中，CH_4 和 H_2S 的浓度是比较低的（假设两种气体的大气饱和值都为 0mg/L）。CH_4 和 H_2S 的复氧速率方程与 DO 的复氧速率方程相同。CH_4 和 H_2S 相对于氧气复氧进行缩放的复氧系数的计算公式为

$$k_{ach_4} = k_a \left(\frac{MW_{O_2}}{MW_{CH_4}} \right)^{0.25} = 1.188 k_a \qquad (4.41a)$$

$$k_{ah_2s} = k_a \left(\frac{MW_{O_2}}{MW_{H_2S}} \right)^{0.25} = 0.984 k_a \qquad (4.41b)$$

式中：$k_{ach_4}(T)$ 为 CH_4 复氧率，d^{-1}；$k_{ah_2s}(T)$ 为 H_2S 复氧率，d^{-1}；$k_a(T)$ 为氧气复氧率，d^{-1}；MW_{CH_4} 为 CH_4 的分子量，$16.04g \cdot mol^{-1}$；MW_{H_2S} 为 H_2S 的分子量，$34.08g \cdot mol^{-1}$。

4.7.1　甲烷

细菌通过溶解氧或亚硫酸盐氧化甲烷。因为亚硫酸盐氧化还没有被广泛研究，因此在这里不考虑。在水体中，细菌将甲烷氧化成二氧化碳（Hanson and Hanson，1996），其表达式为

$$CH_4 + 2O_2 \longrightarrow CO_2 + 2H_2O$$

这个过程需要 $5.33g - O_2 \cdot g^{-1} - C$。在 NSM Ⅱ 中，甲烷氧化模拟为与温度相关的一阶衰变过程。氧化率采用关于甲烷和溶解氧两者的可用性的半饱和函数进行计算。

$$\frac{\partial CH_4}{\partial t} = -k_{ach_4}(T) \cdot CH_4 \qquad \text{大气中 } CH_4 \text{ 补偿（Atm↔CH}_4\text{）}$$

$$-\frac{DO}{K_{sOch_4} + DO} k_{ch_4}(T) \cdot CH_4 \qquad CH_4 \text{ 氧化（CH}_4 \text{→DIC）}$$

$$+\frac{r_{ch_4}}{h} \qquad \text{沉积物释放（Bed→CH}_4\text{）} \qquad (4.42)$$

式中：CH_4 为甲烷含量，$mg - O_2 \cdot L^{-1}$；$k_{ch_4}(T)$ 为甲烷氧化速率，d^{-1}；K_{sOch_4} 为甲烷氧化半饱和氧气衰减系数，$mg - O_2 \cdot L^{-1}$；r_{ch_4} 为沉积物中 CH_4 的释放率，$g - O_2 \cdot m^{-2} \cdot d^{-1}$。

4.7.2　总溶解硫化物

硫化氢（H_2S）和二硫化物离子（HS^-）一起构成总溶解硫化物（HXS），这是 NSM Ⅱ 中的一个状态变量。H_2S 和 HS^- 之间的分配随 pH 变化，具有较高的 pH 有利于 HS^-，具有较低的 pH 有利于 H_2S（APHA，1992）。H_2S 是一种高挥发性的溶解气体，氧化过程非常缓慢（Chen and Morris，1972）。H_2S 主要通过从水体中挥发损失，HS^- 主要由其氧化作用损失。此外，在自然界或者废水中，普遍认为硫化细菌在硫化物氧化过程中扮演着重要的角色。这些影响因素有助于解释为什么一阶硫化物氧化率在 $0.26 \sim 55.0 d^{-1}$ 之间变化（Millero，1986）。硫化物的氧化速度对 pH 的依赖性较强。当 pH 从约 6.0 增加到 8.0 时，氧化率会增加 8 倍（Chen and Morris，1972）。Millero（1986）将硫化物浓度的转变主要归因于随着 pH 的增加，不反应的 H_2S 转变为活性的 HS^-。由此推理，硫化物氧化速率方程应采用 HS^- 浓度。

溶解硫化物的氧化过程被模拟为一个与温度有关的一阶方程，并与 HS^- 和 DO 有关。硫化物的氧化过程可产生硫（S）、硫代硫酸盐（$S_2O_3^{-2}$）、亚硫酸盐（SO_3^{-2}）或硫酸盐（SO_4^{-2}）。O'Brien 和 Birkner（1977）指出，大多数实验中观察到硫化物的氧化产物为 SO_3^{-2}、$S_2O_3^{-2}$ 和 SO_4^{-2}。他们提出了一个假设性的反应方程，即

$$4HS^- + \frac{6}{5}O_2 \longrightarrow S_2O_3^{2-} + SO_3^{2-} + SO_4^{2-} + 2H^+ + H_2O$$

这个反应每 $1.0mg - S_2 \cdot L^{-1}$ 需要 $1.38mg - O_2 \cdot L^{-1}$，或每 $1.0mg - HS^- \cdot L^{-1}$ 需要 $1.33mg - O_2 \cdot L^{-1}$（O'Brien and Birkner，1977）。NSM Ⅱ 中，不考虑硫化物的沉淀。

$$\frac{\partial H_x S}{\partial t} = -k_{ah_2s}(T) \cdot H_2S \qquad \text{大气中 } H_2S \text{ 补偿（Atm↔H}_2S\text{）}$$

$$-\frac{DO}{K_{sOh_s} + DO} k_{hs}(T) \cdot HS \qquad HS \text{ 氧化}$$

$$+\frac{r_{\mathrm{h_2s}}}{h} \qquad\qquad 沉积物释放（Bed \rightarrow H_2S） \qquad (4.43)$$

式中：H_xS 为总溶解硫化物，$\mathrm{mg-O_2 \cdot L^{-1}}$；$K_{\mathrm{sOhs}}$ 为硫化物氧化半饱和氧衰减常数/ $\mathrm{mg-O_2 \cdot L^{-1}}$；$k_{\mathrm{hs}}(T)$ 为硫化物氧化速率，$\mathrm{L \cdot mg-O_2^{-1} \cdot d^{-1}}$；$r_{\mathrm{h_2s}}$ 为沉积物中 H_2S 释放速率，$\mathrm{g-O_2 \cdot m^{-2} \cdot d^{-1}}$。

H_2S 和 HS^- 的溶解分数是根据 H_xS 浓度和 pH 来计算的。他们的分数在标准方法已经给出（APHA，1992），即

$$f_{\mathrm{h_2s}}=\frac{-8.3813 pH^3+135.898 pH^2-742.31 pH+1461.46}{100}, 5 \leqslant pH < 7 \qquad (4.44a)$$

$$f_{\mathrm{h_2s}}=\frac{-8.25406 pH^3+213.821 pH^2-1852.79 pH+5374.11}{100}, 7 \leqslant pH \leqslant 9 \qquad (4.44b)$$

式中：$f_{\mathrm{h_2s}}$ 为硫化物中的 H_2S 分数（0～1.0）。

H_xS 相对于 HS^- 的比例用（$1-f_{\mathrm{h_2s}}$）。如果 pH 小于 5 或大于 9，$f_{\mathrm{h_2s}}$ 分别被设置为 1.0 和 0。相关硫化物类（H_2 和 HS^-）浓度的计算公式为

$$H_2S = f_{\mathrm{h_2s}} H_xS \qquad (4.45a)$$

$$HS = (1-f_{\mathrm{h_2s}}) H_xS \qquad (4.45b)$$

式中：H_2S 为溶解的硫化氢，$\mathrm{mg-O_2 \cdot L^{-1}}$；$HS$ 为溶解双硫化物离子，$\mathrm{mg-O_2 \cdot L^{-1}}$。

4.8 溶解氧（DO）

图 4.7 展示了在 NSM Ⅱ 中模拟的溶解氧源和汇过程。在 NSM Ⅱ 中，溶解氧的动力学过程也在考虑之中。氧的总消耗量是 RDOC、LDOC、CBOD、CH_4 和 HS 氧化反应的总和。这些氧化过程受溶解氧浓度的限制。SOD 是氧气从水体传递到底栖沉积物的数量，而这些氧气是必需的，用以满足细菌分解先前沉积的有机物质。如果成岩模块被激活（第 5 章），在 NSM Ⅱ 中，SOD 是通过模块内部计算的；否则，SOD 是一个用户必须输入的参数。因为氧气从水中转移到沉积物，沉积物耗氧被表示为负数。

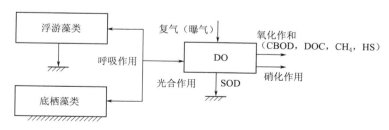

图 4.7　NSM Ⅱ 中模拟的溶解氧源和汇过程

8 种水质状态变量与溶解氧质量平衡有关：藻类、底栖海藻，NH_4、LDOC、RDOC、CBOD、CH_4 和 H_xS。表 4.8 总结了影响水体中溶解氧的主要过程和机制。表 4.8 中的源汇项总和可用于随后计算的溶解氧的净速率。

表 4.8　　　　　　　　　　　　　　　在 NSM Ⅱ 中源汇影响过程

状态变量	内 部 来 源 （＋）	内 部 减 少 （一）
DO	大气补偿	
A_p	藻类光合作用（A_p→DO）	藻类呼吸作用（DO→A_b）
A_b	底栖藻类光合作用（A_b→DO）	底栖藻类呼吸作用（DO→A_p）
NH_4	—	DO→硝化作用
$LDOC$	—	氧化（DO→LDOC）
$RDOC$	—	氧化（DO→RDOC）
$CBOD$	—	氧化（DO→CBOD）
CH_4	—	氧化（DO→CH_4）
HS	—	氧化（DO→HS）
DO	—	SOD

水体中溶解氧内部的源汇项方程可以写成

$$\frac{dDO}{dt} = k_a(T)(DO_s - DO) \qquad \text{大气中氧气补偿（Atm↔O}_2\text{）}$$

$$-\frac{DO}{K_{sOxna}+DO}k_{nit}(T)\cdot r_{on}NH_4 \qquad \text{硝化作用（O}_2\text{→Nitrification）}$$

$$-\frac{DO}{K_{sOxmc}+DO}k_{rdoc}(T)\cdot r_{oc}RDOC \qquad \text{RDOC 氧化（O}_2\text{→RDOC）}$$

$$-\frac{DO}{K_{sOxmc}+DO}k_{ldoc}(T)r_{oc}LDOC \qquad \text{LDOC 氧化（O}_2\text{→LDOC）}$$

$$-\sum\frac{DO}{K_{sOxbod i}+DO}k_{bod i}(T)\cdot CBOD_i \qquad \text{CBOD 氧化（O}_2\text{→CBOD）}$$

$$-\frac{DO}{K_{sOch_4}+DO}k_{ch_4}(T)CH_4 \qquad \text{CH}_4 \text{ 氧化（O}_2\text{→CH}_4\text{）}$$

$$-\frac{DO}{K_{sOhs}+DO}k_{hs}(T)HS \qquad \text{HS 氧化（O}_2\text{→HS）}$$

$$-\frac{DO}{K_{sSOD}+DO}\frac{SOD(T)}{h} \qquad \text{沉积物氧化量（SOD）}$$

$$+\sum_i^3\left(P_{Npi}+\frac{138}{106}(1-P_{Npi})\right)\mu_{pi}(T)\cdot r_{oc}r_{cai}A_{pi} \qquad \text{藻类光合作用（}A_p\text{→O}_2\text{）}$$

$$-\sum_i^3 F_{Oxpi}k_{rpi}(T)\cdot r_{oc}r_{cai}A_{pi} \qquad \text{藻类呼吸（O}_2\text{→}A_p\text{）}$$

$$+\frac{1}{h}\left(P_{Nb}+\frac{138}{106}(1-P_{Nb})\right)\mu_b(T)\cdot r_{oc}r_{cb}A_bF_b \qquad \text{底栖藻类光合作用（}A_b\text{→O}_2\text{）}$$

$$-\frac{1}{h}F_{Oxb}k_{rb}(T)\cdot r_{oc}r_{cb}A_bF_b \qquad \text{底栖藻类呼吸作用（O}_2\text{→}A_b\text{）}$$

$$(4.46)$$

式中：DO_s 为溶解氧饱和度，$mg\text{-}O_2\cdot L^{-1}$；$K_{sSOD}$ 为 SOD 半饱和氧衰减常数，$mg\text{-}O_2\cdot L^{-1}$。

4.8.1 溶解氧饱和度

NSM Ⅱ包括了盐度对地表水的溶解氧饱和度的影响，溶解氧通过计算盐度和温度的函数来获得，具体表达式为

$$DO_s = DO_s \cdot \exp\left[-Salt\left(1.7674\times10^{-2} - \frac{1.0754\times10}{T_{wk}} + \frac{2.1407\times10^3}{T_{wk}^2}\right)\right] \quad (4.47)$$

式中：$Salt$ 为盐度，ppt。

盐度是溶解于水的所有非碳酸盐的总和，通常以千分之三（ppt）进行表示。在海水或来自河流和溪流的淡水与咸海水混合的河口，盐度是一个重要的测量指标。因为在海水或微咸水的大多数阴离子为氯离子，盐度可以从下面的氯化物浓度来估计，即

$$Salt = 0.03 + 0.0018066Cl \quad (4.48)$$

式中：Cl 为氯离子浓度，$mg-Cl\cdot L^{-1}$。

反之亦然，水体中的氯离子浓度可以从已知的盐分来计算，因为在海水中盐度和氯是成比例的，但是上述等式在淡水是不准确的（MDNR，2009）。

4.8.2 复氧

溶解氧通过大气复氧获得或丢失，取决于水中氧气是否已饱和。复氧速率取决于水体流动、风速或两种因素的共同影响。与 NSM Ⅰ 相同，在 NSM Ⅱ 中，复氧速率采用水体流动和风速的函数进行评估。在复氧过程中，有 3 种选择用以考虑风速的影响：①用户自定义；②Banks-Herrera formula（Banks and Herrera，1977）；③Wanninkhof 公式（Wanninkhof et al. 1991）。在营养盐模块中有 6 个复氧选项，已在表 3.3 中列出。

4.9 硅

对于藻类，尤其是硅藻来说，硅是重要的营养物质，正因为如此，在 NSM Ⅱ 中，建立了硅的循环过程。硅有两种存在形式，分别是：颗粒态生物硅（BSi）和溶解态硅（DSi）。DSi 也被称为可利用硅，即可以用来作为藻类生长（主要为硅藻）中的营养物。DSi 由生物硅的溶解而产生，并且可以通过硅通量与沉积物相互作用。硅只被硅藻利用，所以藻类对硅藻的吸收取决于硅藻的存在。如果启用可选的沉积物成岩模块（第 5 章），硅沉积物—水通量在模块内部可以计算得到；否则，从沉积物底床释放出的硅需要用户输入。颗粒态或不可利用的生物硅是由硅藻死亡产生的。生物硅转变到溶解态硅或从水体中沉淀到沉积物中。溶解是在不饱和溶解中的化学—物理反应。颗粒态生物硅（BSi）的溶解，也可以理解为从有机物解吸，因为颗粒态生物硅（BSi）的浓度与饱和度和可溶解硅（DSi）的浓度之间的差是成比例的。在光合作用期间，一旦硅被藻类吸收利用，硅便从整个循环系统中消失了。图 4.8 展示了在 NSM Ⅱ

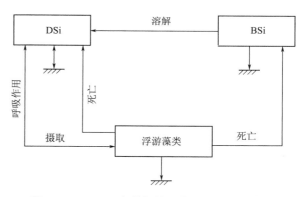

图 4.8　NSM Ⅱ 中模拟的硅类型及其主要过程

中的硅类型及其主要过程。表 4.9 介绍了包含在 NSM Ⅱ 中硅状态变量的主要途径（源汇项）。

表 4.9　　　　　　　　　　在 NSM Ⅱ 中硅状态变量的主要途径

状　态　变　量	源（＋）	汇（－）
颗粒态生物硅（BSi）	藻类死亡（$A_p \rightarrow BSi$）	溶解（$BSi \rightarrow DSi$） 沉淀（$BSi \rightarrow Bed$）
可溶解硅（DSi）	藻类死亡（$A_p \rightarrow DSi$） 溶解（$BSi \rightarrow DSi$） 藻类呼吸（$A_p \rightarrow DSi$） 沉积物释放（$Bed \leftrightarrow DSi$）	藻类吸收（$DSi \rightarrow A_p$）

（1）颗粒生物硅（BSi）

$$\frac{\partial BSi}{\partial t} = F_{bsi} \sum_{i}^{3} k_{dpi}(T) \cdot r_{siai} A_{pi} \qquad 藻类死亡（A_p \rightarrow BSi）$$

$$- k_{bsi}(T) \frac{BSi}{K_{sSi} + BSi}(Si_s - DSi) \qquad BSi\ 溶解（BSi \rightarrow DSi）$$

$$- \frac{v_{bsi}}{h} BSi \qquad BSi\ 沉淀（BSi \rightarrow Bed） \qquad (4.49)$$

式中：BSi 为颗粒态生物硅，$mg-Si \cdot L^{-1}$；F_{bsi} 为藻类死亡部分与 BSi 的比值（0～1.0）；r_{siai} 为藻硅：叶绿素 a 比率，$mg-Si/\mu g-Chla$；v_{bsi} 为 BSi 沉降率，$m \cdot d^{-1}$；$k_{bsi}(T)$ 为 BSi 溶解率，d^{-1}；K_{sSi} 为溶解半饱和 Si 常数，$mg-Si \cdot L^{-1}$；Si_s 为 Si 饱和度，$mg-Si \cdot L^{-1}$。

（2）可溶解硅（DSi）

$$\frac{\partial DSi}{\partial t} = (1 - F_{bsi}) \sum_{i}^{3} k_{dpi}(T) \cdot r_{siai} A_{pi} \qquad 藻类死亡（A_p \rightarrow DSi）$$

$$+ k_{bsi}(T) \frac{BSi}{K_{sSi} + BSi}(Si_s - DSi) \qquad BSi\ 溶解（BSi \rightarrow DSi）$$

$$+ \sum_{i}^{3} F_{Oxpi} k_{rpi}(T) \cdot r_{siai} A_{pi} \qquad 藻类呼吸（A_p \rightarrow DSi）$$

$$- \sum_{i}^{3} \mu_{pi}(T) \cdot r_{siai} A_{pi} \qquad 藻类吸收（DSi \rightarrow A_p）$$

$$+ \frac{1}{h} r_{si} \qquad 沉积物释放（Bed \leftrightarrow DSi） \qquad (4.50)$$

式中：r_{si} 为沉积物中 DSi 的释放率，$g-Si \cdot m^{-2} \cdot d^{-1}$。

4.10　碱度

除了考虑水体中藻类群组外，碱度在 NSM Ⅱ 中的建模与以前的 NSM Ⅰ 一样。在水体中，影响碱度的主要过程和机制在表 4.10 中进行了总结。碱度方程中使用的比率已在 NSM Ⅰ中进行了定义和描述。

表 4.10   NSM Ⅱ中影响碱度的反应过程

反 应 过 程	输入	输出	源/汇
藻类和底栖藻类生长	NH_4	—	汇（－）
	NO_3		源（＋）
藻类和底栖藻类呼吸	—	NH_4	源（＋）
NH_4 硝化	NH_4	NO_3	汇（－）
NO_3 反硝化	NO_3	N_2	源（＋）

表 4.10 列出了由于源汇机制造成的水体中碱度随时间的变化，可以用公式表示为

$$\frac{dAlk}{dt}=r_{alkden}\left(1-\frac{DO}{K_{sOxdn}+DO}\right)k_{dnit}(T)\cdot NO_3 \qquad \text{反硝化作用造成碱度增加}$$

$$-r_{alkn}\frac{DO}{K_{sOxna}+DO}=\frac{NH_4}{K_{sNh_4}+NH_4}k_{nit}(T)\cdot NH_4 \qquad \text{硝化作用造成碱度增加}$$

$$-\sum(r_{alkaai}P_{Npi}-r_{alkani}(1-P_{Npi}))\mu_{pi}(T)\cdot A_{pi} \qquad \text{藻类生长造成碱度减少}$$

$$+\sum r_{alkaai}F_{Oxpi}k_{rpi}(T)\cdot A_{pi} \qquad \text{藻类呼吸造成碱度增加}$$

$$-\frac{1}{h}(r_{alkba}P_{Nb}-r_{alkbn}(1-P_{Nb}))\mu_b(T)\cdot A_bF_b \qquad \text{底栖藻类生长造成碱度减少}$$

$$+\frac{1}{h}r_{alkba}F_{Oxb}k_{rb}(T)\cdot A_bF_b \qquad \text{底栖藻类呼吸造成碱度增加}$$

$$(4.51)$$

式中：Alk 为碱度，$eq\cdot L^{-1}$；r_{alkaai} 表示如果 NH_4 是主要的氮来源，藻类生长转化为碱度的速率，$eq\cdot\mu g^{-1}-Chla$；r_{alkani} 表示如果 NO_3 是主要的氮来源，藻类生长转化为碱度的速率，$eq\cdot\mu g^{-1}-Chla$；r_{alkn} 为 NH_4 硝化作用转化为碱度的速率，$eq\cdot mg^{-1}-N$；r_{alkden} 为 NO_3 硝化作用转化为碱度的速率，$eq\cdot mg^{-1}-N$；下标"i"代表一个特定的藻类组。

4.11 NSM Ⅱ中的参数

本部分叙述了与 NSM Ⅱ相关的输入参数，自定义的输入参数包括 8 组。大多数与温度有关的速率系数指定的温度是 20℃。除了藻类和底栖藻类生长速率，NSM Ⅱ中与温度相关的反应速率根据阿累尼乌斯公式进行修正，如之前在 NSM Ⅰ中所述，NSM Ⅱ参数的默认值和建议值用于模型的初始启动，输入参数大多是校准参数。在每个水质区域中所有的参数表都将被重复，允许用户对已定义的输入参数进行修改。

4.11.1 全局参数

表 4.11 提供了在 NSM Ⅱ中的全局参数（或系数）和默认值及其参考范围。

表 4.11 　　　　　　　　　　　　　NSM Ⅱ中的全局参数和默认值系数

符号	定　义	单　位	默认值	参考范围
v_{sp}	固体沉降速度	$m \cdot d^{-1}$	0.1	$0\sim30^c$
v_{sr}	难降解有机物沉降速度	$m \cdot d^{-1}$	0.01	$0\sim2.0^b$
v_{sl}	不稳定有机质沉降速度	$m \cdot d^{-1}$	0.01	$0\sim2.0^b$
λ_0	背景光衰减	m^{-1}	0.02	$0.02\sim6.59^c$
λ_s	无机悬浮物造成的光衰减	$L \cdot mg^{-1} \cdot m^{-1}$	0.052^a	$0.019\sim0.37^c$
λ_m	有机质造成的光衰减	$L \cdot mg^{-1} \cdot m^{-1}$	0.174^a	$0.008\sim0.174^c$
λ_1	藻类造成的光线性衰减	$m^{-1} \cdot (\mu g-Chla \cdot L^{-1})^{-1}$	0.0088^a	$0.0088\sim0.031^d$
λ_2	藻类造成的光非线性衰减	$m^{-1} \cdot (\mu g-Chla \cdot L^{-1})^{-2/3}$	0.054^a	n/a
f_{com}	有机物质中的碳部分	$mg-C/mg-D$	0.01	$0\sim1.0$
k_{dpo4n}	对于固定"n",无机磷的分配系数	$L \cdot kg^{-1}$	0	$0\sim80000^d$

a. Chapara et al.（2008）。

b. Wool et al.（2006）。

c. Flynn et al.（2015）。

d. 来源于表 3.5。

4.11.2　藻类参数

表 4.12 总结了 NSM Ⅱ中的藻类参数（或系数）和速率系数使用的默认值。准确界定藻类生长、呼吸、死亡率以及其他参数非常重要，这一点需要了解藻类的类型。相对于每个藻类群组来说，一个可变的化学计量是允许的。藻类中的 C、N、P、Si 和叶绿素 a 比率是根据它们的相对化学计量重量与干重生物量重量（100mg-D）的比值而定义的。藻类的死亡率转换成溶解态、颗粒态和其他有机材料三个方面。这些方面的前两部分是由用户定义的，而第三部分在模块内部计算。

表 4.12 　　　　　　　　　　　NSM Ⅱ中的藻类参数和速率系数使用的默认值

符号*	定　义	单　位	默认值	参考范围	温度校正	
AW_{di}	藻类干重化学计量	$mg-D$	100^a	$65\sim130^c$		
AW_{ci}	藻类碳化学计量	$mg-C$	40^a	$25\sim60^c$		
AW_{ni}	藻类氮化学计量	$mg-N$	7.2^a	$4\sim20^c$		
AW_{pi}	藻类磷化学计量	$mg-P$	1.0^a	n/a		
AW_{ai}	藻类叶绿素 a 化学计量	$\mu g-Chla$	1000^a	$400\sim3500^c$		
AW_{si}	藻类硅化学计量	$mg-Si$	18^a	n/a		
$k_{rpi}(T)$	藻类呼吸速率	d^{-1}	0.2	$0.02\sim0.8^c$	是	1.08
$k_{dpi}(T)$	藻类死亡率	d^{-1}	0.15	$0\sim0.5^c$	是	1.07
v_{sai}	藻类沉淀速度	$m \cdot d^{-1}$	0.15	$0\sim1.8^e$		
K_{sNxpi}	藻类吸收 NH_4 半饱和偏好常数	$mg-N \cdot L^{-1}$	0.02	$0.005\sim0.03^c$		
K_{sOxpi}	藻类呼吸氧半饱和降解常数	$mg-O_2 \cdot L^{-1}$	0.5	n/a		
K_{sNpi}	藻类生长氮半饱和限制常数	$mg-N \cdot L^{-1}$	0.04	$0.005\sim0.3^f$		

符号[*]	定 义	单 位	默认值	参考范围	温度校正
K_{sPpi}	藻类生长磷半饱和限制常数	$mg-P \cdot L^{-1}$	0.0012	0.001~0.06[f]	
K_{Li}	藻类生长光照限制常数	$W \cdot m^{-2}$	10	3.7~44[f]	
μ_{mxpi}	藻类最大生长速率	d^{-1}	1.0	0.1~3.0[f]	
T_{opi}	藻类生长的最佳温度	℃	25[e]	n/a	
kt_{p1i}	低于T_{opi}对藻类生长的影响因子	$℃^{-2}$	0.003[e]	n/a	
kt_{p2i}	高于T_{opi}对藻类生长的影响因子	$℃^{-2}$	0.01[e]	n/a	

[*] 下标i代表特定藻类群组。

a. Chapara et al. 2008。

b. Brown and Barnwell，1987。

c. Flynn et al. 2015。

d. Tillman et al. 2004。

e. Cerco et al. 2004。

f. 来源于表3.5。

4.11.3 底栖藻类参数

表4.13总结了在NSM Ⅱ中的底栖藻类参数（或系数）以及相关的默认值。底栖藻类中的C、N、P和叶绿素a的比率是根据它们的相对化学计量重量与干重生物量重量（$100mg-D$）的比值来定义的。

表4.13 NSM Ⅱ中底栖藻类参数和速率系数默认值

符号	定 义	单 位	默认值	参考范围	温度校正	
BW_d	底栖藻类干重化学计量	$mg-D$	100[a]	65~130[c]		
BW_c	底栖藻类碳化学计量	$mg-C$	40[a]	25~60[c]		
BW_n	底栖藻类氮化学计量	$mg-N$	7.2[a]	4~20[c]		
BW_p	底栖藻类磷化学计量	$mg-P$	1.0[a]	n/a		
BW_a	底栖藻类叶绿素a化学计量	$\mu g-Chla$	5000[a]	400~3500[c]		
$k_{rb}(T)$	底栖藻类基础呼吸速率	d^{-1}	0.2	0.01~0.8[b]	是	1.047[b]
$k_{db}(T)$	底栖藻类死亡速率	d^{-1}	0.3	0~0.8[b]	是	1.047[b]
K_{Lb}	底栖藻类生长光照限制常数	$W \cdot m^{-2}$	10	1.7~44[e]		
K_{sOxb}	底栖藻类呼吸作用氧半饱和降解系数	$mg-O_2 \cdot L^{-1}$	1.0	n/a		
μ_{mxb}	底栖藻类生长速率最大值	d^{-1}	0.4	0.3~2.25[b]		
T_{ob}	底栖藻类生长的最佳温度	℃	25[d]	n/a		
kt_{b1}	低于T_{opi}温度对底栖藻类生长的影响因子	$℃^{-2}$	0.003[d]	n/a		
kt_{b2}	高于T_{opi}温度对底栖藻类生长的影响因子	$℃^{-2}$	0.01[d]	n/a		
K_{Sb}	底栖藻类生长密度半饱和常数	$mg-D \cdot m^{-2}$	10	10~30[b]		
F_b	可供底栖藻类生长的底部面积比例	无量纲	0.9	0~1.0		
F_w	底栖藻类死亡后进入水体的比例	无量纲	0.9	0~1.0		
F_{rponb}	底栖藻类死亡后转化为RPON的比例	无量纲	0.8	0~1.0		

续表

符号	定　义	单　位	默认值	参考范围	温度校正	
F_{lponb}	底栖藻类死亡后转化为 LPON 的比例	无量纲	0.1	0~1.0		
K_{snxb}	底栖藻类吸收 NH_4 半饱和偏好常数	$mg-N \cdot L^{-1}$	0.02	0.005~0.3[c]		
K_{sNb}	底栖藻类生长氮半饱和限制常数	$mg-N \cdot L^{-1}$	0.25	0.01~0.766[b]		
F_{rpopb}	底栖藻类死亡后转化为 RPOP 的比例	无量纲	0.8	0~1.0		
F_{lpopb}	底栖藻类死亡后转化为 LPOP 的比例	无量纲	0.1	0~1.0		
K_{sPb}	底栖藻类生长磷半饱和限制常数	$mg-P \cdot L^{-1}$	0.125	0.005~0.175[c]		
F_{rpocb}	底栖藻类死亡后转化为 RPOC 的比例	无量纲	0.8	0~1.0		
F_{lpocb}	底栖藻类死亡后转化为 LPOC 的比例	无量纲	0.1	0~1.0		
F_{rdocb}	底栖藻类死亡后转化为 RDOC 的比例	无量纲	0.05	0~1.0		

a. Chapara et al. 2008。

b. Brown，2002。

c. Flynn et al. 2015。

d. Cerco et al. 2004。

e. 来源于表 3.5。

4.11.4　氮循环参数

表 4.14 总结了 NSM Ⅱ 中氮循环的参数（或系数）以及相关的默认值。

表 4.14　　　　　　　　　NSM Ⅱ 中的氮循环参数和速率系数默认值

符号	定　义	单　位	默认值	参考范围	温度校正	
F_{rponp}	藻类死亡后转化为 RPON 的比例	无量纲	0.8	0~1.0		
F_{lponp}	藻类死亡后转化为 LPON 的比例	无量纲	0.15	0~1.0		
$k_{rpon}(T)$	RPON 的水解速率	d^{-1}	0.001[b]	0.007~0.01	是	1.08
$k_{lpon}(T)$	LPON 的水解速率	d^{-1}	0.08[b]	0.05~0.07[d]	是	1.08
$k_{don}(T)$	DON 的矿化速率	d^{-1}	0.018[b]	0.0025~0.025[c]	是	1.08
$k_{nit}(T)$	硝化速率	d^{-1}	0.1	0.01~10[a]	是	1.083
$k_{dnit}(T)$	反硝化速率	d^{-1}	0.002	0.002~2.0[a]	是	1.045
v_{no3}	沉积物反硝化转化速度	$m \cdot d^{-1}$	0	0~1.0[a]	是	1.08
K_{sOxmn}	DON 矿化氧半饱和降解常数	$mg-O_2 \cdot L^{-1}$	0.5	n/a		
K_{sOxna}	硝化作用氧半饱和降解常数	$mg-O_2 \cdot L^{-1}$	2.0[c]	n/a		
K_{sOxdn}	反硝化作用氧半饱和降解常数	$mg-O_2 \cdot L^{-1}$	0.1[c]	n/a		
r_{nh4}	沉积物中 NH_4 的释放率	$g-N \cdot m^{-2} \cdot d^{-1}$	0	n/a	是	1.074[b]

a. Flynn et al. 2015。

b. Cerco et al. 2004。

c. Wool et al. 2006。

d. HydroQual，2004。

4.11.5　磷循环参数

表 4.15 总结了 NSM Ⅱ 中磷循环的参数（或系数）以及相关速率系数默认值。

表 4.15   **NSM Ⅱ中的磷循环参数和速率系数默认值**

符号	定　义	单　位	默认值	参考范围	温度校正	
F_{rpopp}	藻类死亡后转化为 RPOP 的比例	无量纲	0.8	0~1.0		
F_{lpopp}	藻类死亡后转化为 LPOP 的比例	无量纲	0.15	0~1.0		
$k_{rpop}(T)$	RPOP 水解速率	d^{-1}	0.001[a]	0.007~0.01[d]	是	1.08
$k_{lpop}(T)$	LPOP 水解速率	d^{-1}	0.1[a]	0.085~0.1[d]	是	1.08
$k_{dop}(T)$	DOP 矿化速率	d^{-1}	0.22[b]	0.01~0.2[d]	是	1.08
K_{sOxmp}	DOP 矿化氧半饱和降解常数	$mg-O·L^{-1}$	1.0	n/a		
r_{po_4}	沉积物中 DIP 的释放率	$g-P·m^{-2}·d^{-1}$	0	n/a	是	1.074[b]

a. Cerco et al. 2004。

b. Wool et al. 2006。

c. Thomann and Pitzpatrick, 1982。

d. HydroQual, 2004。

4.11.6　碳循环参数

表 4.16 总结了 NSM Ⅱ中碳循环的参数（或系数）以及相关速率系数默认值。

表 4.16   **NSM Ⅱ中的碳循环参数和速率系数默认值**

符号	定　义	单　位	默认值	参考范围	温度校正	
F_{rpocp}	藻类死亡后转化为 RPOC 的比例	无量纲	0.8	0~1.0		
F_{lpocp}	藻类死亡后转化为 LPOC 的比例	无量纲	0.1	0~1.0		
F_{rdocp}	藻类死亡后转化为 RDOC 的比例	无量纲	0.05	0~1.0		
F_{CO_2}	总无机碳中 CO_2 的比例	无量纲	0.2	0~1.0		
p_{CO_2}	CO_2 的分压	ppm	383[a]	n/a		
$k_{rpoc}(T)$	RPOC 水解速率	d^{-1}	0.0025[b]	0.007~0.01[c]	是	1.08
$k_{lpoc}(T)$	LPOC 水解速率	d^{-1}	0.075[b]	0.007~0.1[c]	是	1.08
$k_{rdoc}(T)$	RDOC 矿化速率	d^{-1}	0.0025[b]	0.008~0.01[c]	是	1.08
$k_{ldoc}(T)$	LDOC 矿化速率	d^{-1}	0.05[b]	0.1~0.15[c]	是	1.047
K_{sOxmc}	DOC 矿化氧半饱和降解常数	$mg-O_2·L^{-1}$	1.0	n/a		

a. Chapara et al. 2008。

b. Tillman et al. 2004。

c. HydroQual, 2004。

4.11.7　CBOD 参数

表 4.17 总结了 NSM Ⅱ中 CBOD 的参数（或系数）以及相关速率系数的默认值。

表 4.17   **NSM Ⅱ中的 CBOD 参数和速率系数默认值**

符号[*]	定　义	单　位	默认值	参考范围	温度校正	
k_{bodi}	CBOD 氧化速率	d^{-1}	0.12	0.02~3.4[a]	是	1.047
$K_{sOxbodi}$	CBOD 氧化半饱和氧衰减常数	$mg-O_2·L^{-1}$	0.5[b]	n/a		
k_{sbodi}	CBOD 沉降速率	d^{-1}	0	−0.36~0.36[a]	是	1.024

[*] 下标 i 表示特定的 CBOD 群组。

a. Brown and Barnwell, 1987。

b. Wool et al. 2006。

4.11.8 甲烷和硫化物参数

表 4.18 总结了 NSM Ⅱ中甲烷和硫化物的参数（或系数）以及相关速率系数默认值。

表 4.18　　　　　　　NSM Ⅱ中的甲烷和硫化物参数和相关速率系数默认值

符号	定　义	单　位	默认值	参考范围	温度校正	
k_{ch_4}	CH_4 氧化速率	d^{-1}	0.1	n/a	是	1.079
K_{sOch_4}	CH_4 氧化半饱和氧气衰减常数	$mg-O_2 \cdot L^{-1}$	1.0	n/a		
r_{ch_4}	沉积物中 CH_4 释放速率	$g-O_2 \cdot m^{-2} \cdot d^{-1}$	0	n/a	是	1.079
k_{hs}	HS 氧化速率	d^{-1}	25[a]	0.15~0.5[b]	是	1.08
K_{sOhs}	HS 氧化作用氧半饱和降解常数	$mg-O_2 \cdot L^{-1}$	0.5[a] 0.2[b]	n/a		
r_{h_2s}	沉积物中 H_2S 的释放率	$g-O_2 \cdot m^{-2} \cdot d^{-1}$	0	n/a	是	1.079

a. Dortch et al. 1992。

b. HydroQual，2004。

4.11.9　溶解氧参数

表 4.19 总结了 NSM Ⅱ中溶解氧参数（或系数）以及相关速率系数默认值。

表 4.19　　　　　　　　NSM Ⅱ中的溶解氧参数和相关速率系数默认值

符号	定　义	单　位	默认值	参考范围	温度校正	
$k_{ah}(T)$	水力复氧速度	$m \cdot d^{-1}$	1	0~100	是	1.024
$k_{aw}(T)$	风氧复氧度	$m \cdot d^{-1}$	0	n/a	是	1.024
$SOD(T)$	沉积物需氧量	$g-O_2 \cdot m^{-2} \cdot d^{-1}$	0.2	0.05~10[a]	是	1.060
K_{sSOD}	SOD 半饱和衰减常数	$mg-O_2 \cdot L^{-1}$	1	n/a		

a. Thomann and Muller，1987。

4.11.10　硅循环参数

表 4.20 总结了 NSM Ⅱ中硅的参数（或系数）以及相关速率系数默认值。

表 4.20　　　　　　　　　NSM Ⅱ中的硅参数和相关速率系数默认值

符号*	定　义	单　位	默认值	参考范围	温度校正	
F_{bsi}	藻类死亡后转化为 BSi 的比例	无量纲	0.9	0~1.0		
K_{sSipi}	藻类生长硅半饱和限制常数	$mg-Si \cdot L^{-1}$	0.03[b]	0.02~0.08[d]		
K_{sSi}	溶解态硅半饱和常数	$mg-Si \cdot L^{-1}$	50000	n/a		
v_{bsi}	BSi 沉降速率	$m \cdot d^{-1}$	0.25[b]	0.5~1.0[e]		
$k_{bsi}(T)$	BSi 溶解态速率	d^{-1}	0.03[b]	0.1~0.25[e]	是	1.08
Si_s	硅的饱和度	$mg-Si \cdot L^{-1}$	n/a	n/a		
r_{si}	沉降物种 DSi 的释放率	$g-Si \cdot m^{-2} \cdot d^{-1}$	0	n/a	是	1.074

* 下标 i 表示以硅藻为主的藻类群组。

a. Cole and Wells，2008。

b. Tillman et al. 2004。

c. Di Toro，2001。

d. Thomann and Muller，1987。

e. HydroQual，2004。

4.11.11 病原体参数

表 4.21 总结了 NSM Ⅱ中病原体的参数（或系数）以及相关速率系数默认值。

表 4.21　　　　　　　　　　　NSM Ⅱ中的病原体参数和相关速率系数默认值

符号	定　　义	单　位	默认值	参考范围	温度校正	
$k_{dx}(T)$	病原体死亡率	d^{-1}	0.8[a]	n/a	是	1.07[a]
α_{px}	病原体衰减的光效因子	无量纲	1.0[a]	n/a		
v_x	病原体沉降速度	$m \cdot d^{-1}$	1.0[a]	n/a		

a. Chapara et al. 2008。

4.12　NSM Ⅱ模块输出

本节将介绍 NSM Ⅱ中相关的模型输出变量。该模型的输出数据包括水质状态变量、派生变量以及在 NSM Ⅱ中计算的中间变量。

4.12.1　衍生变量

在 NSM Ⅱ中，19 种来源于水质状态变量的衍生得到计算，具体情况见表 4.22。

表 4.22　　　　　　　　　　　NSM Ⅱ中派生水质状态变量计算

变量	定　　义	单　　位
A_{pd}	藻类（干重）	$mg - D \cdot L^{-1}$
$Chla$	叶绿素 a	$\mu g - Chla \cdot L^{-1}$
$Chlb$	底栖叶绿素 a	$mg - Chla \cdot m^{-2}$
DIN	溶解态无机氮	$mg - N \cdot L^{-1}$
TON	总有机氮	$mg - N \cdot L^{-1}$
TKN	总凯氏氮	$mg - N \cdot L^{-1}$
TN	总氮	$mg - N \cdot L^{-1}$
DIP	溶解态无机磷	$mg - P \cdot L^{-1}$
TOP	总有机磷	$mg - P \cdot L^{-1}$
TP	总磷	$mg - P \cdot L^{-1}$
DOC	溶解态有机碳	$mg - C \cdot L^{-1}$
POC	颗粒态有机碳	$mg - C \cdot L^{-1}$
POM	颗粒态有机物	$mg - D \cdot L^{-1}$
TOC	总有机碳	$mg - C \cdot L^{-1}$
$CBOD_5$	五日 CBOD	$mg - O_2 \cdot L^{-1}$
H_2S	溶解态硫化氢	$mg - O_2 \cdot L^{-1}$
λ	光照衰减系数	m^{-1}
k_a	复氧速率	d^{-1}
pH	pH	—

BOD$_5$ 是通过对 CBOD 和稳定或不稳定溶解态有机碳展现出的对溶解态有机碳的贡献的加和。

$$CBOD_5 = \sum CBOD_i \left[1 - e^{-5k_{bodi}(20)} \right] + r_{oc} LDOC \left[1 - e^{-5k_{ldoc}(20)} \right]$$
$$+ r_{oc} RDOC \left[1 - e^{-5k_{rdoc}(20)} \right] \tag{4.52}$$

4.12.2 路径通量

表 4.23 总结了 NSM Ⅱ 中途径通量的参数（或系数）以及其他变量计算。

表 4.23   NSM Ⅱ 中的途径通量和其他变量计算

名 称	定 义	单 位
藻 类		
$A_p\ growth$	藻类生长	$\mu g - Chla \cdot L^{-1} \cdot d^{-1}$
$A_p\ respiration$	藻类呼吸	$\mu g - Chla \cdot L^{-1} \cdot d^{-1}$
$A_p\ mortality$	藻类死亡	$\mu g - Chla \cdot L^{-1} \cdot d^{-1}$
$A_p\ settling$	藻类沉淀	$\mu g - Chla \cdot L^{-1} \cdot d^{-1}$
FL	藻类生长光照限制因子	无量纲
FN	藻类生长氮限制因子	无量纲
FP	藻类生长磷限制因子	无量纲
FT	藻类生长温度限制因素	无量纲
底 栖 藻 类		
$A_b\ growth$	底栖藻类生长	$mg - D \cdot L^{-1} \cdot d^{-1}$
$A_b\ respiration$	底栖藻类呼吸	$mg - D \cdot L^{-1} \cdot d^{-1}$
$A_b\ mortality$	底栖藻类死亡	$mg - D \cdot L^{-1} \cdot d^{-1}$
FL_b	底栖藻类生长光照限制因子	无量纲
FN_b	底栖藻类生长氮限制因子	无量纲
FP_b	底栖藻类生长磷限制因子	无量纲
FT_b	底栖藻类生长温度限制因子	无量纲
FS_b	底栖藻类生长底部空间密度限制因子	无量纲
氮 循 环		
$A_p \rightarrow RPON$	藻类死亡部分与 RPON 的比值	$mg - N \cdot L^{-1} \cdot d^{-1}$
$RPON \rightarrow DON$	RPON 水解	$mg - N \cdot L^{-1} \cdot d^{-1}$
$RPON \rightarrow Bed$	RPON 沉淀	$mg - N \cdot L^{-1} \cdot d^{-1}$
$A_p \rightarrow LPON$	藻类死亡部分与 LPON 的比值	$mg - N \cdot L^{-1} \cdot d^{-1}$
$LPON \rightarrow DON$	LPON 水解	$mg - N \cdot L^{-1} \cdot d^{-1}$
$LPON \rightarrow Bed$	LPON 沉淀	$mg - N \cdot L^{-1} \cdot d^{-1}$
$A_p \rightarrow DON$	藻类死亡部分与 DON 的比值	$mg - N \cdot L^{-1} \cdot d^{-1}$
$DON \rightarrow NH_4$	DON 矿化	$mg - N \cdot L^{-1} \cdot d^{-1}$
$A_p \rightarrow NH_4$	藻类呼吸与 NH$_4$ 的比值	$mg - N \cdot L^{-1} \cdot d^{-1}$
$NH_4 \rightarrow A_p$	藻类从 NH$_4$ 吸收部分	$mg - N \cdot L^{-1} \cdot d^{-1}$

名　称	定　义	单　位
氮　循　环		
$Bed \leftrightarrow NH_4$	沉积物释放 NH_4	$mg - N \cdot L^{-1} \cdot d^{-1}$
$NH_4 \to NO_3$	NH_4 硝化	$mg - N \cdot L^{-1} \cdot d^{-1}$
NO_3 denitrification	NO_3 反硝化	$mg - N \cdot L^{-1} \cdot d^{-1}$
$NO_3 \leftrightarrow Bed$	沉积物反硝化	$mg - N \cdot L^{-1} \cdot d^{-1}$
$NO_3 \to A_p$	藻类从 NO_3 吸收部分	$mg - N \cdot L^{-1} \cdot d^{-1}$
$A_b \to RPON$	底栖藻类死亡部分与 RPON 的比值	$mg - N \cdot L^{-1} \cdot d^{-1}$
$A_b \to LPON$	底栖藻类死亡部分与 LPON 的比值	$mg - N \cdot L^{-1} \cdot d^{-1}$
$A_b \to DON$	底栖藻类死亡部分与 DON 的比值	$mg - N \cdot L^{-1} \cdot d^{-1}$
$A_b \to NH_4$	底栖藻类呼吸部分与 NH_4 的比值	$mg - N \cdot L^{-1} \cdot d^{-1}$
$NH_4 \to A_b$	底栖藻类从 NH_4 吸收部分	$mg - N \cdot L^{-1} \cdot d^{-1}$
$NO_3 \to A_b$	底栖藻类从 NO_3 吸收部分	$mg - N \cdot L^{-1} \cdot d^{-1}$
磷　循　环		
$A_p \to RPOP$	藻类死亡部分与 RPOP 的比值	$mg - P \cdot L^{-1} \cdot d^{-1}$
$RPOP \to DOP$	RPOP 水解	$mg - P \cdot L^{-1} \cdot d^{-1}$
$RPOP \to Bed$	RPOP 沉淀	$mg - P \cdot L^{-1} \cdot d^{-1}$
$A_p \to LPOP$	藻类死亡部分与 LPOP 的比值	$mg - P \cdot L^{-1} \cdot d^{-1}$
$LPOP \to DOP$	LPOP 水解	$mg - P \cdot L^{-1} \cdot d^{-1}$
$LPOP \to Bed$	LPOP 沉淀	$mg - P \cdot L^{-1} \cdot d^{-1}$
$A_p \to DOP$	藻类死亡部分与 DOP 的比值	$mg - P \cdot L^{-1} \cdot d^{-1}$
$DOP \to DIP$	DOP 矿化	$mg - P \cdot L^{-1} \cdot d^{-1}$
$A_p \to DIP$	藻类呼吸部分与 DIP 的比值	$mg - P \cdot L^{-1} \cdot d^{-1}$
$DIP \to A_p$	藻类从 DIP 的吸收部分	$mg - P \cdot L^{-1} \cdot d^{-1}$
$TIP \to Bed$	TIP 沉淀	$mg - P \cdot L^{-1} \cdot d^{-1}$
$Bed \leftrightarrow DIP$	沉积物 DIP 释放	$mg - P \cdot L^{-1} \cdot d^{-1}$
$A_b \to RPOP$	底栖藻类死亡部分与 RPOP 的比值	$mg - P \cdot L^{-1} \cdot d^{-1}$
$A_b \to LPOP$	底栖藻类死亡部分与 LPOP 的比值	$mg - P \cdot L^{-1} \cdot d^{-1}$
$A_b \to DOP$	底栖藻类死亡部分与 DOP 的比值	$mg - P \cdot L^{-1} \cdot d^{-1}$
$A_b \to DIP$	底栖藻类呼吸部分与 DIP 的比值	$mg - P \cdot L^{-1} \cdot d^{-1}$
$DIP \to A_b$	底栖藻类从 DIP 吸收部分	$mg - P \cdot L^{-1} \cdot d^{-1}$
碳　循　环		
$A_p \to RPOC$	藻类死亡部分与 RPOC 的比值	$mg - C \cdot L^{-1} \cdot d^{-1}$
$RPOC \to LDOC$	RPOC 水解	$mg - C \cdot L^{-1} \cdot d^{-1}$
$RPOC \to Bed$	RPOC 沉淀	$mg - C \cdot L^{-1} \cdot d^{-1}$
$A_p \to LPOC$	藻类死亡部分与 LPOC 的比值	$mg - C \cdot L^{-1} \cdot d^{-1}$

续表

名　称	定　义	单　位
碳　循　环		
$LPOC \to LDOC$	LPOC 水解	$mg - C \cdot L^{-1} \cdot d^{-1}$
$LPOC \to Bed$	LPOC 沉淀	$mg - C \cdot L^{-1} \cdot d^{-1}$
$A_p \to RDOC$	藻类死亡部分与 RDOC 的比值	$mg - C \cdot L^{-1} \cdot d^{-1}$
$A_p \to LDOC$	藻类死亡部分与 LDOC 的比值	$mg - C \cdot L^{-1} \cdot d^{-1}$
$RDOC \to DIC$	RDOC 矿化	$mg - C \cdot L^{-1} \cdot d^{-1}$
$LDOC \to DIC$	LDOC 矿化	$mg - C \cdot L^{-1} \cdot d^{-1}$
$CBOD \to DIC$	CBOD 氧化	$mg - C \cdot L^{-1} \cdot d^{-1}$
$LDOC \to denitrification$	反硝化作用 LDOC 的消耗	$mg - C \cdot L^{-1} \cdot d^{-1}$
$Atm \leftrightarrow DIC$	大气中 CO_2 复氧	$mol \cdot L^{-1} \cdot d^{-1}$
$A_p \to DIC$	藻类呼吸部分与 DIC 的比值	$mol \cdot L^{-1} \cdot d^{-1}$
$DIC \to A_p$	藻类从 DIC 吸收部分	$mol \cdot L^{-1} \cdot d^{-1}$
$Bed \leftrightarrow DIC$	沉积物 DIC 的释放	$mol \cdot L^{-1} \cdot d^{-1}$
$A_b \to RPOC$	底栖藻类死亡部分占 RPOC 的比值	$mg - C \cdot L^{-1} \cdot d^{-1}$
$A_b \to LPOC$	底栖藻类死亡部分占 LPOC 的比值	$mg - C \cdot L^{-1} \cdot d^{-1}$
$A_b \to RDOC$	底栖藻类死亡部分占 RDOC 的比值	$mg - C \cdot L^{-1} \cdot d^{-1}$
$A_b \to LDOC$	底栖藻类死亡部分占 LDOC 的比值	$mg - C \cdot L^{-1} \cdot d^{-1}$
$A_b \to DIC$	底栖藻类呼吸部分占 DIC 的比值	$mol \cdot L^{-1} \cdot d^{-1}$
$DIC \to A_b$	底栖藻类从 DIC 吸收部分	$mol \cdot L^{-1} \cdot d^{-1}$
CBOD		
$CBOD_i \; oxidation$	CBOD 氧化	$mg - O_2 \cdot L^{-1} \cdot d^{-1}$
$CBOD_i \; sedimentation$	CBOD 沉降	$mg - O_2 \cdot L^{-1} \cdot d^{-1}$
甲 烷 和 硫 化 物		
$CH_4 \to Atm$	大气中 CH_4 复氧	$mg - O_2 \cdot L^{-1} \cdot d^{-1}$
$Bed \leftrightarrow CH_4$	沉积物 CH_4 的释放	$mg - O_2 \cdot L^{-1} \cdot d^{-1}$
$CH_4 \to DIC$	CH_4 氧化	$mg - C \cdot L^{-1} \cdot d^{-1}$
$H_2S \to Atm$	大气中 H_2S 复氧	$mg - O_2 \cdot L^{-1} \cdot d^{-1}$
$Bed \leftrightarrow H_2S$	沉积物 H_2S 的释放	$mg - O_2 \cdot L^{-1} \cdot d^{-1}$
溶　解　氧		
$Atm \leftrightarrow O_2$	大气中 O_2 复氧	$mg - O_2 \cdot L^{-1} \cdot d^{-1}$
$A_p \to O_2$	藻类光合作用产生的氧气	$mg - O_2 \cdot L^{-1} \cdot d^{-1}$
$O_2 \to A_p$	藻类呼吸作用消耗的氧气	$mg - O_2 \cdot L^{-1} \cdot d^{-1}$
$O_2 \to RDOC$	RDOC 氧化消耗的氧气	$mg - O_2 \cdot L^{-1} \cdot d^{-1}$
$O_2 \to LDOC$	LDOC 氧化消耗的氧气	$mg - O_2 \cdot L^{-1} \cdot d^{-1}$
$O_2 \to CBOD$	CBOD 氧化消耗的氧气	$mg - O_2 \cdot L^{-1} \cdot d^{-1}$

续表

名 称	定 义	单 位
溶 解 氧		
$O_2 \rightarrow CH_4$	CH_4 氧化消耗的氧气	$mg - O_2 \cdot L^{-1} \cdot d^{-1}$
$O_2 \rightarrow HS$	H_2S 氧化消耗的氧气	$mg - O_2 \cdot L^{-1} \cdot d^{-1}$
$O_2 \rightarrow nitrification$	硝化速率消耗的氧气	$mg - O_2 \cdot L^{-1} \cdot d^{-1}$
DO_s	O_2 饱和	$mg - O_2 \cdot L^{-1}$
$O_2 \rightarrow Bed$	沉积物耗氧量	$mg - O_2 \cdot L^{-1} \cdot d^{-1}$
$A_b \rightarrow O_2$	底栖藻类光合作用产生的氧气	$mg - O_2 \cdot L^{-1} \cdot d^{-1}$
$O_2 \rightarrow A_b$	底栖藻类呼吸作用消耗的氧气	$mg - O_2 \cdot L^{-1} \cdot d^{-1}$
硅 循 环		
$A_p \rightarrow BSi$	藻类死亡部分与 BSi 的比值	$mg - Si \cdot L^{-1} \cdot d^{-1}$
$BSi \rightarrow Bed$	BSi 沉淀	$mg - Si \cdot L^{-1} \cdot d^{-1}$
$BSi \rightarrow DSi$	BSi 溶解	$mg - Si \cdot L^{-1} \cdot d^{-1}$
$A_p \rightarrow DSi$	藻类死亡部分与 DSi 的比值	$mg - Si \cdot L^{-1} \cdot d^{-1}$
$A_p \rightarrow DSi$	藻类呼吸部分与 DSi 的比值	$mg - Si \cdot L^{-1} \cdot d^{-1}$
$DSi \rightarrow A_p$	藻类从 DSi 吸收部分	$mg - Si \cdot L^{-1} \cdot d^{-1}$
$Bed \leftrightarrow DSi$	沉积物 DSi 的释放	$mg - Si \cdot L^{-1} \cdot d^{-1}$
病 原 体		
$PX\ death$	病原体死亡	$cfu/100m \cdot L^{-1} \cdot d^{-1}$
$PX\ decay$	由于光照造成的病原体死亡	$cfu/100m \cdot L^{-1} \cdot d^{-1}$
$PX\ settling$	病原体沉淀	$cfu/100m \cdot L^{-1} \cdot d^{-1}$
碱 度		
$A_p \rightarrow Alk$	藻类呼吸造成的碱度增加	$mg - CaCO_3 \cdot L^{-1} \cdot d^{-1}$
$Alk \rightarrow A_p$	藻类生长造成的碱度减少	$mg - CaCO_3 \cdot L^{-1} \cdot d^{-1}$
$Alk \rightarrow nitrification$	硝化作用造成的碱度减少	$mg - CaCO_3 \cdot L^{-1} \cdot d^{-1}$
$denitrification \rightarrow Alk$	反硝化作用造成的碱度增加	$mg - CaCO_3 \cdot L^{-1} \cdot d^{-1}$
$A_b \rightarrow Alk$	底栖藻类呼吸造成的碱度增加	$mg - CaCO_3 \cdot L^{-1} \cdot d^{-1}$
$Alk \rightarrow A_b$	底栖藻类生长造成的碱度减少	$mg - CaCO_3 \cdot L^{-1} \cdot d^{-1}$

第5章

沉 积 成 岩 模 块

5.1 概要

沉积过程存储和释放碳和营养盐。沉积物不仅是来自水体的物质沉积，从沉积物到水体也有各成分通量，反之亦然（即从水体到沉积物也存在成分通量）。因此，沉积物是控制水质组成的重要部分。在前面章节介绍的 NSM Ⅰ 和 NSM Ⅱ 模型可以给定而非预测 SOD 和沉积物营养盐释放。使用零阶反应或者常数源项的水质模型有一个很大的缺陷：该模型无法提供沉积物有机质和有机质转化成耗氧及营养盐释放之间的机制。沉积成岩过程的示意如图 5.1 所示。

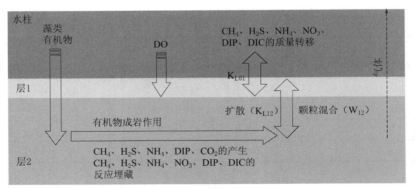

图 5.1 沉积成岩过程图

Berner(1980) 构建了沉积成岩模型的基础，Di Toro 和 Fitzpatrick(1993) 将其进一步发展。Di Toro(2001) 提出了一个动态的底泥—水界面通量模型的综合分析方法。沉积成岩模型已经成功集成于多个水质模型中，包括 CE - QUAL - ICM（Cerco and Cole，1993；Cerco et al. 2004）、QUAL 2K（Chapra et al. 2008）和 WASP（Martin and Wool，2012）。为了具有完整的沉积岩模拟能力，将沉积成岩模块和 NSM Ⅱ 的水体动力学相耦合。该模型由 Di Toro(2001) 提出的公式和算法发展而来，故之后称之为 NSM Ⅱ - Sed-

Flux。NSM Ⅱ-SedFlux 可以模拟有机质的分解作用，并且动态计算 SOD 和关键溶质（例如氮、磷、甲烷、硫化物、硅、氧气）从孔隙水到水体的通量。NSM Ⅱ-SedFlux 计算得到的沉积物—水界面通量将用于合适的水质质量守恒方程。

NSM Ⅱ-SedFlux 的基本框架由两个均匀混合的沉积物层组成，即一个薄的上层（层 1）和一个稍厚的约 10cm 的活性层（层 2）。与水体接触的上层（层 1）是好氧还是厌氧的环境取决于 DO 浓度。下层（层 2）往往是厌氧的。当只存在小部分活性层沉积物厚度（约 0.1cm）时，上层的厚度达到最大值。NSM Ⅱ-SedFlux 模拟 4 个基本过程：①藻类和颗粒有机物（颗粒态有机碳、颗粒态有机氮、颗粒态有机磷）从水体沉积到沉积物；②下层中颗粒有机物的沉积成岩作用，该过程产生溶解化学物质；③沉积物溶解质的生成、扩散和埋藏；④溶质在沉积物—水界面之间的交换。NSM Ⅱ-SedFlux 的状态变量和主要过程的示意图如图 5.2 所示。沉积成岩作用（矿化作用）只发生在下层。

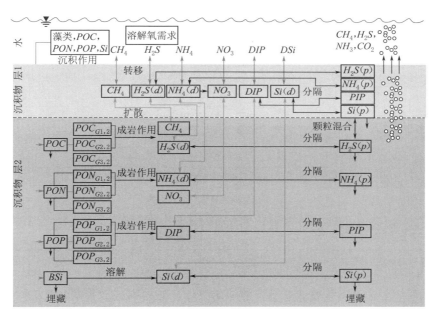

图 5.2　NSM Ⅱ-SedFlux 的状态变量和主要过程

采用多级别方法考虑沉积物有机物质的异质性，多级别假设的基础来自实验，实验表明有机质衰减可以近似看作不同的函数，有 3 类（G1，G2，G3），即易分解、难溶性、惰性的。易分解、难溶性、惰性的区别在于氧化或分解的时间尺度。G1 类是 20 天的半衰期。G2 类是 1 年的半衰期。G3 类是在埋入深层惰性沉积物之前没有明显的衰减（Di Toro，2001）。

沉积成岩着重研究 4 种有机物质：碳、氮、磷和硅。这就增加了 27 个沉积成岩状态变量，沉积成岩状态变量和相应符号见表 5.1，每一个都与沉积物有关，变量的单位被描述为单位沉积层体积的质量或 $mg \cdot L^{-1}$。只有激活水体中的硅时，沉积成岩模块才包含硅状态变量。甲烷、硫酸盐和硫化物的单位是用来平衡模型计算的氧气当量（$mg\text{-}O_2 \cdot L^{-1}$）。沉积成岩计算时间步长和水质模型时间步长一致。

表 5.1　　　　　　　　　　　　　　沉积成岩状态变量和相应符号

变　量	层	定　义	单　位
NH_{41}	G1	沉积物铵	$mg - N \cdot L^{-1}$
NO_{31}	G1	沉积物硝酸盐氮	$mg - N \cdot L^{-1}$
CH_{41}	G1	沉积物甲烷	$mg - O_2 \cdot L^{-1}$
TH_2S_1	G1	沉积物总硫化氢	$mg - O_2 \cdot L^{-1}$
SO_{41}	G1	沉积物硫酸盐	$mg - O_2 \cdot L^{-1}$
DIC_1	G1	沉积物溶解无机碳	$mg - C \cdot L^{-1}$
TIP_1	G1	沉积物总无机磷	$mg - P \cdot L^{-1}$
DSi_1	G1	沉积物溶解硅	$mg - Si \cdot L^{-1}$
NH_{42}	G2	沉积物铵	$mg - N \cdot L^{-1}$
NO_{32}	G2	沉积物硝酸盐氮	$mg - N \cdot L^{-1}$
CH_{42}	G2	沉积物甲烷	$mg - O_2 \cdot L^{-1}$
TH_2S_2	G2	沉积物总硫化氢	$mg - O_2 \cdot L^{-1}$
SO_{42}	G2	沉积物硫酸盐	$mg - O_2 \cdot L^{-1}$
DIC_2	G2	沉积物溶解无机碳	$mg - C \cdot L^{-1}$
TIP_2	G2	沉积物总无机磷	$mg - P \cdot L^{-1}$
DSi_2	G2	沉积物溶解硅	$mg - Si \cdot L^{-1}$
$POC_{Gi,2}$	G2	沉积物颗粒态有机碳（G1 - G3）	$mg - C \cdot L^{-1}$
$PON_{Gi,2}$	G2	沉积物颗粒态有机碳（G1 - G3）	$mg - N \cdot L^{-1}$
$POP_{Gi,2}$	G2	沉积物颗粒态有机磷（G1 - G3）	$mg - P \cdot L^{-1}$
BSi_2	G2	沉积物颗粒态生物硅	$mg - Si \cdot L^{-1}$
ST	G2	沉积物底栖应力	d

　　NSM Ⅱ - SedFlux 提供了沉积成岩状态变量质量平衡方程数值求解的两种选项：稳态和非稳态。第一个选项不需要状态变量的初始条件，但是第二个需要。沉积物分区的初始条件分别给定，并和水体中的区分开来。在 NSM Ⅱ - SedFlux 中，只需要给出层 2 沉积成岩状态变量的初始条件，稳态解往往当作依赖时间的非稳态模拟的初始条件，使用该方法（尤其是研究磷时）要注意一些事项。Di Toro 表示稳态模型无法成功预测沉积物磷通量的范围，尤其是在水体厌氧情况下。因此，在上覆水初始 DO 浓度接近零的地方不应该采用稳态选项来计算沉积成岩分区的初始条件。

　　一般采用准动态方法来改善初始条件，模型在合理重复水体条件下运行一年或者更长。预运行期的最后浓度改善并替换之前指定的初始条件。重复该过程直到预测值接近准稳态条件。

5.2　水体沉积通量

　　颗粒沉积和孔隙水截留是两种主要的沉积物—水界面之间的物质通量。随着有机质沉入底部，有机质变成沉积物有机质。沉积的浮游植物形成沉积物有机质。由于忽略了第一层的厚度，水体中的颗粒物直接沉降到厌氧层。一旦发生向沉积物沉降，水体状态变量就要转变为表 5.1 中的沉积物状态变量。如果 NSM Ⅱ 包含了底栖藻类，沉积物沉积通量计算将考虑底栖藻类死亡的影响。NSM Ⅱ - SedFlux 模拟了 3 类有机沉积物，即易分解（G1）、难溶性（G2）和惰性（G3）。来自水体的易分解颗粒物直接转成 G1 类，来自水体的难分解颗粒物根据用户指定的比例分成 G1 类、G2 类和 G3 类进入沉积物。藻类的沉积通量首先根据化学计量比转变成 PON、POP、POC，然后再分成 3 类有机沉积物。

在 NSM Ⅱ - SedFlux，有机质的沉积通量采用如下的水体浓度和给定的沉积速度计算。

1. 沉积物中的颗粒态有机碳（POC）

$$J_{POC,G1} = \sum_i^3 F_{AP1} v_{sai} r_{cai} A_{pi} + v_{sl} LPOC + F_{RPOC1} v_{sr} RPOC + (1 - F_w) F_{AB1} r_{cb} A_b$$

$$(5.1a)$$

$$J_{POC,G2} = \sum_i^3 F_{AP2} v_{sai} r_{cai} A_{pi} + F_{RPOC2} v_{sr} RPOC + (1 - F_w) F_{AB2} r_{cb} A_b \quad (5.1b)$$

$$J_{POC,G3} = \sum_i^3 (1 - F_{AP1} - F_{AP2}) v_{sai} r_{cai} A_{pi} + (1 - F_{RPOC1} - F_{RPOC2}) v_{sr} RPOC$$
$$+ (1 - F_w)(1 - F_{AB1} - F_{AB2}) r_{cb} A_b \quad (5.1c)$$

式中：F_{AP1} 为藻类沉降为 G1 类沉积物的比例（0～1.0）；F_{AP2} 为藻类沉降为 G2 类沉积物的比例（0～1.0）；F_{AB1} 为底栖藻类死亡沉降为 G1 类沉积物的比例（0～1.0）；F_{AB2} 为底栖藻类死亡沉降为 G2 类沉积物的比例（0～1.0）；$J_{POC,G1}$ 为 G1 类沉积物 POC 的总沉降量，$g-C \cdot m^{-2} \cdot d^{-1}$；$J_{POC,G2}$ 为 G2 类沉积物 POC 的总沉降量，$g-C \cdot m^{-2} \cdot d^{-1}$；$F_{RPOC1}$ 为 RPOC 沉降为 G1 类沉积物 POC 的比例（0～1.0）；F_{RPOC2} 为 RPOC 沉降为 G2 类沉积物 POC 的比例（0～1.0）；$J_{POC,G3}$ 为 G3 类沉积物 POC 的总沉降量，$g-C \cdot m^{-2} \cdot d^{-1}$。

2. 沉积物中的颗粒态有机氮（PON）

$$J_{PON,G1} = \sum_i^3 F_{AP1} v_{sai} r_{nai} A_{pi} + v_{sl} LPON + F_{RPON1} v_{sr} RPON + (1 - F_w) F_{AB1} r_{nb} A_b$$

$$(5.2a)$$

$$J_{PON,G2} = \sum_i^3 F_{AP2} v_{sai} r_{nai} A_{pi} + F_{RPON2} v_{sr} RPON + (1 - F_w) F_{AB2} r_{nb} A_b \quad (5.2b)$$

$$J_{PON,G3} = \sum_i^3 (1 - F_{AP1} - F_{AP2}) v_{sai} r_{nai} A_{pi} + (1 - F_{RPON1} - F_{RPON2}) v_{sr} RPON$$
$$+ (1 - F_w)(1 - F_{AB1} - F_{AB2}) r_{nb} A_b \quad (5.2c)$$

式中：$J_{PON,G1}$ 为 G1 类沉积物 PON 的总沉降量，$g-N \cdot m^{-2} \cdot d^{-1}$；$J_{PON,G2}$ 为 G2 类沉积物 PON 的总沉降量，$g-N \cdot m^{-2} \cdot d^{-1}$；$F_{RPON1}$ 为 RPON 沉降为 G1 类沉积物 PON

的 比 例 （0～1.0）；F_{RPON2} 为 RPON 沉降为 G2 类沉积物 PON 的比例 （0～1.0）；$J_{\mathrm{PON,G3}}$ 为 G3 类沉积物的总沉降量，$\mathrm{g-N \cdot m^{-2} \cdot d^{-1}}$。

3. 沉积物中的颗粒态有机磷（POP）

$$J_{\mathrm{POP,G1}} = \sum_i^3 F_{\mathrm{AP1}} v_{\mathrm{sa}i} r_{\mathrm{pa}i} A_{\mathrm{p}i} + v_{\mathrm{sl}} LPOP + F_{\mathrm{RPOP1}} v_{\mathrm{sr}} RPOP + (1-F_{\mathrm{w}}) F_{\mathrm{AB1}} r_{\mathrm{pb}} A_{\mathrm{b}}$$

$$(5.3a)$$

$$J_{\mathrm{POP,G2}} = \sum_i^3 F_{\mathrm{AP2}} v_{\mathrm{sa}i} r_{\mathrm{pa}i} A_{\mathrm{p}i} + F_{\mathrm{RPOP2}} v_{\mathrm{sr}} RPOP + (1-F_{\mathrm{w}}) F_{\mathrm{AB2}} r_{\mathrm{pb}} A_{\mathrm{b}} \quad (5.3b)$$

$$J_{\mathrm{POP,G3}} = \sum_i^3 (1-F_{\mathrm{AP1}}-F_{\mathrm{AP2}}) v_{\mathrm{sa}i} r_{\mathrm{pa}i} A_{\mathrm{p}i} + (1-F_{\mathrm{RPOP1}}-F_{\mathrm{RPOP2}}) v_{\mathrm{sr}} RPOP$$
$$+ (1-F_{\mathrm{w}})(1-F_{\mathrm{AB1}}-F_{\mathrm{AB2}}) r_{\mathrm{pb}} A_{\mathrm{b}} \quad (5.3c)$$

式中：$J_{\mathrm{POP,G1}}$ 为 G1 类沉积物 POP 的总沉降量，$\mathrm{g-P \cdot m^{-2} \cdot d^{-1}}$；$J_{\mathrm{POP,G2}}$ 为 G2 类沉积物 POP 的总沉降量，$\mathrm{g-P \cdot m^{-2} \cdot d^{-1}}$；$F_{\mathrm{RPOP1}}$ 为 RPOP 沉降为 G1 类沉积物 POP 的比例 （0～1.0）；F_{RPOP2} 为 RPOP 沉降为 G2 类沉积物 POP 的比例 （0～1.0）；$J_{\mathrm{POP,G3}}$ 为 G3 类沉积物 POP 的总沉降量，$\mathrm{g-P \cdot m^{-2} \cdot d^{-1}}$。

4. 沉积物中的颗粒态生物硅（BSi）

$$J_{\mathrm{BSi}} = \sum_i^3 v_{\mathrm{sa}i} r_{\mathrm{sia}i} A_{\mathrm{p}i} + v_{\mathrm{bsi}} BSi \quad (5.4)$$

式中：J_{BSi} 为沉积物颗粒态生物硅的总沉降量，$\mathrm{g-Si \cdot m^{-2} \cdot d^{-1}}$。

5.3　沉积物有机质

藻类和颗粒态有机质一旦沉到底部，沉积物颗粒态有机质便假设只位于沉积物第二层。将沉降的有机物质分成 3 类来模拟沉积成岩作用。假设成岩过程遵循一阶反应动力学，沉积物有机物的衰减或者成岩作用的最终产物包括氨气、甲烷、硫化物、无机磷和硅。这些组分可以在沉积物中进行额外的生物、化学和物理反应。沉积成岩模块还包含了沉积物有机质的埋藏。虽然假设沉积物层不沿垂向移动，但由于其他物质会沉降在河床上，会使沉积物层与沉积物—水界面的相对位置发生变化。因此，来自水体的固体沉降造成了原先的沉积物远离沉积物—水界面。对于所有的状态变量，埋藏是通过用户输入埋藏率来解决。埋藏率的大小受固体的沉降通量影响。在 NSM Ⅱ - SedFlux 中，求解每种颗粒态有机质（N、P、C）的质量平衡方程，其 3 个类别是类似的。

5.3.1　沉积物颗粒态有机碳

沉积物 POC 是颗粒态有机质从水体沉降到沉积物第二层的一部分。采用三种状态变量来表示三种反应类别（G1～G3）。每类沉积物颗粒态有机碳的质量守恒方程为

$$h_2 \frac{\mathrm{d}POC_{Gi,2}}{\mathrm{d}t} = J_{\mathrm{POC},Gi} \qquad\qquad \text{有机碳沉降变成沉积物 POC}$$

$$-h_2 K_{\text{POC},Gi}(T) \cdot POC_{Gi,2} \qquad \text{沉积物 POC 成岩}(\text{POC}_2 \rightarrow \text{CH}_{4_2})$$

$$-w_2 POC_{Gi,2} \qquad \text{沉积物 POC 埋藏} \tag{5.5}$$

式中：h_2 为沉积物层厚，m；$POC_{Gi,2}$ 为 Gi 类沉积物颗粒态有机碳（G1～G3），$\text{mg} - \text{C} \cdot \text{L}^{-1}$；$K_{\text{POC},Gi}$ (T) 为 Gi 类沉积物 POC 的成岩率，d^{-1}；w_2 为沉积物埋藏速率，$\text{m} \cdot \text{d}^{-1}$。

因为 G3 类别没有衰减或者副产物，所以 $K_{\text{POC},G3}(T)$ 设置为零。方程（5.5）采用隐式积分格式求解沉积物 POC（G1～G3），时间步长为（$t+\Delta t$）。

$$\frac{POC_{Gi,2}^{t+\Delta t} - POC_{Gi,2}^{t}}{\Delta t} = \frac{J_{\text{POC},Gi}^{t}}{h_2} - K_{\text{POC},Gi}(T) POC_{Gi,2}^{t+\Delta t} - \frac{w_2}{h_2} POC_{Gi,2}^{t+\Delta t} \tag{5.6}$$

稳态解

$$POC_{Gi,2}^{t+\Delta t} = \frac{\dfrac{J_{\text{POC},Gi}^{t}}{h_2}}{K_{\text{POC},Gi}(T) + \dfrac{w_2}{h_2}} \tag{5.7}$$

非稳态解

$$POC_{Gi,2}^{t+\Delta t} = \frac{\dfrac{J_{\text{POC},Gi}^{t}}{h_2}\Delta t + POC_{Gi,2}^{t}}{1 + K_{\text{POC},Gi}(T)\Delta t + \dfrac{w_2}{h_2}\Delta t} \tag{5.8}$$

一旦知道了沉积物颗粒态有机碳浓度，当前时间（$t+\Delta t$）碳的反应与转化引起的沉积成岩通量的计算公式为

$$J_{\text{C},\text{G1}}^{t+\Delta t} = K_{\text{POC},\text{G1}}(T) h_2 POC_{\text{G1},2}^{t+\Delta t} \tag{5.9a}$$

$$J_{\text{C},\text{G2}}^{t+\Delta t} = K_{\text{POC},\text{G2}}(T) h_2 POC_{\text{G2},2}^{t+\Delta t} \tag{5.9b}$$

$$J_{\text{C}}^{t+\Delta t} = J_{\text{C},\text{G1}}^{t+\Delta t} + J_{\text{C},\text{G2}}^{t+\Delta t} \tag{5.9c}$$

式中：$J_{\text{C},\text{G1}}$ 为沉积物 POC 的 G1 类沉积物 POC 的成岩通量，$\text{g} - \text{C} \cdot \text{m}^{-2} \cdot \text{d}^{-1}$；$J_{\text{C},\text{G2}}$ 为 G2 类沉积物 POC 的成岩通量，$\text{g} - \text{C} \cdot \text{m}^{-2} \cdot \text{d}^{-1}$；$J_{\text{C}}$ 为沉积物 POC 的成岩通量，$\text{g} - \text{C} \cdot \text{m}^{-2} \cdot \text{d}^{-1}$。

5.3.2　沉积物颗粒态有机氮

在沉积物 PON 成岩的每个级别质量守恒方程中，发现氮的成岩通量计算方式都与 POC 一致。

$$h_2 \frac{\text{d}PON_{Gi,2}}{\text{d}t} = J_{\text{PON},Gi} \qquad \text{有机氮沉降变成沉积物 PON}$$

$$-h_2 K_{\text{PON},Gi}(T) \cdot PON_{Gi,2} \qquad \text{沉积物 PON 成岩}(\text{PON}_2 \rightarrow \text{NH}_{4_2})$$

$$-w_2 PON_{Gi,2} \qquad \text{沉积物 PON 埋藏} \tag{5.10}$$

式中：$PON_{Gi,2}$ 为 Gi 类沉积物颗粒态有机氮（G1～G3），$\text{g} - \text{N} \cdot \text{m}^{-3}$；$K_{\text{PON},Gi}(T)$ 为 Gi 类沉积物 PON 的成岩率，d^{-1}。

式（5.10）通过代数方法求解步长（$t + \Delta t$）上的 3 类沉积物 PON 解。

稳态解

$$PON_{Gi,2}^{t+\Delta t}=\dfrac{\dfrac{J_{\mathrm{PON},Gi}^{t}}{h_2}}{K_{\mathrm{PON},Gi}(T)+\dfrac{w_2}{h_2}} \tag{5.11}$$

非稳态解

$$PON_{Gi,2}^{t+\Delta t}=\dfrac{\dfrac{J_{\mathrm{PON},Gi}^{t}}{h_2}\Delta t+PON_{Gi,2}^{t}}{1+K_{\mathrm{PON},Gi}(T)\Delta t+\dfrac{w_2}{h_2}\Delta t} \tag{5.12}$$

时间步长（$t+\Delta t$）上的氮反应转化的总沉积物成岩通量计算公式为

$$J_{\mathrm{N,G1}}^{t+\Delta t}=K_{\mathrm{PON,G1}}(T)h_2 PON_{\mathrm{G1,2}}^{t+\Delta t} \tag{5.13a}$$

$$J_{\mathrm{N,G2}}^{t+\Delta t}=K_{\mathrm{PON,G2}}(T)h_2 PON_{\mathrm{G2,2}}^{t+\Delta t} \tag{5.13b}$$

$$J_{\mathrm{N}}^{t+\Delta t}=J_{\mathrm{N,G1}}^{t+\Delta t}+J_{\mathrm{N,G2}}^{t+\Delta t} \tag{5.13c}$$

式中：$J_{\mathrm{N,G1}}$ 为 G1 类沉积物 PON 的成岩通量，$\mathrm{g-N \cdot m^{-2} \cdot d^{-1}}$；$J_{\mathrm{N,G2}}$ 为 G2 类沉积物 PON 的成岩通量，$\mathrm{g-N \cdot m^{-2} \cdot d^{-1}}$；$J_{\mathrm{N}}$ 为沉积物 PON 的成岩通量，$\mathrm{g-N \cdot m^{-2} \cdot d^{-1}}$。

5.3.3　沉积物颗粒态有机磷

在沉积物 POP 成岩的每个类别质量守恒方程中，发现磷的成岩通量计算方式都与 POC、PON 一致。

$$h_2\dfrac{\mathrm{d}POP_{Gi,2}}{\mathrm{d}t}=J_{\mathrm{POP},Gi} \qquad\qquad 有机磷沉降变成沉积物 POP$$

$$-h_2 K_{\mathrm{POP},Gi}(T)\cdot POP_{Gi,2} \qquad 沉积物 POP 成岩(POP_2 \rightarrow DIP_2)$$

$$-w_2 POP_{Gi,2} \qquad\qquad\qquad 沉积物 POP 埋藏 \tag{5.14}$$

式中：$POP_{Gi,2}$ 为 Gi 类沉积物颗粒态有机磷（G1～G3），$\mathrm{g-P \cdot m^{-3}}$；$K_{\mathrm{POP},Gi}(T)$ 为 Gi 类沉积物 POP 的成岩速率，$\mathrm{d^{-1}}$。

方程（5.14）通过代数方法求解时间步长（$t+\Delta t$）上的 3 类沉积物 POP。

稳态解

$$POP_{Gi,2}^{t+\Delta t}=\dfrac{\dfrac{J_{\mathrm{POP},Gi}^{t}}{h_2}}{K_{\mathrm{POP},Gi}(T)+\dfrac{w_2}{h_2}} \tag{5.15}$$

非稳态解

$$POP_{Gi,2}^{t+\Delta t}=\dfrac{\dfrac{J_{\mathrm{POP},Gi}^{t}}{h_2}\Delta t+POP_{Gi,2}^{t}}{1+K_{\mathrm{POP},Gi}(T)\Delta t+\dfrac{w_2}{h_2}\Delta t} \tag{5.16}$$

时间步长（$t+\Delta t$）上的磷反应转化的总沉积成岩通量计算公式为

$$J_{\mathrm{P,G1}}^{t+\Delta t}=K_{\mathrm{POP,G1}}(T)h_2 POP_{\mathrm{G1,2}}^{t+\Delta t} \tag{5.17a}$$

$$J_{P,G2}^{t+\Delta t} = K_{POP,G2}(T) h_2 POP_{G2,2}^{t+\Delta t} \qquad (5.17b)$$

$$J_P^{t+\Delta t} = J_{P,G1}^{t+\Delta t} + J_{P,G2}^{t+\Delta t} \qquad (5.17c)$$

式中：$J_{P,G1}$ 为 G1 类沉积物 POP 的成岩通量，$g - P \cdot m^{-2} \cdot d^{-1}$；$J_{P,G2}$ 为 G2 类沉积物 POP 的成岩通量，$g - P \cdot m^{-2} \cdot d^{-1}$；$J_P$ 为沉积物 POP 的成岩通量，$g - P \cdot m^{-2} \cdot d^{-1}$。

5.3.4 沉积物颗粒态生物硅

来自水体沉降的硅与硅藻相关联，用颗粒态生物硅（BSi）表示，并在第二层模拟。沉积物生物硅可以深埋或者溶解成溶解硅。沉积物中溶解硅的成岩机制不同于碳氮磷，溶解硅来自沉积物颗粒态生物硅的溶解。溶解作用将硅释放到孔隙水中（Hurd，1973；Di Toro，2001）。生物硅溶解的动力学过程采用 Michaelis - Menton 表达式计算（Conley and Kilham，1989）。沉积物 BSi 的质量平衡方程如下：

$$h_2 \frac{dBSi_2}{dt} = J_{BSi} \qquad \text{有机硅沉降成沉积物 BSi}$$

$$-h_2 k_{bsi_2}(T) \frac{BSi_2}{K_{sSi} + BSi_2}(Si_s - f_{dsi_2} Si_2) \qquad \text{沉积物 BSi 溶解}(BSi_2 \rightarrow DSi_2)$$

$$-w_2 BSi_2 \qquad \text{沉积物 BSi 埋藏} \qquad (5.18)$$

式中：BSi_2 为沉积物 BSi，$mg - Si \cdot L^{-1}$；K_{sSi} 为溶解态硅的半饱和常数；$k_{bsi_2}(T)$ 为沉积物 BSi 溶解速率，d^{-1}；Si_s 为 Si 的饱和度，$mg - Si \cdot L^{-1}$。

方程（5.18）可以用于求解沉积物 BSi。时间步长（$t + \Delta t$）的非稳态解因为非线性关系而采用显示格式。

稳态解

$$BSi_2^{t+\Delta t} = \frac{-b + \sqrt{b^2 - 4w_2 K_{sSi} J_{BSi}^t}}{2w_2}$$

$$b = J_{BSi}^t + w_2 K_{sSi} - h_2 k_{bsi_2}(T)(Si_s - f_{dsi_2} Si_2^t) \qquad (5.19)$$

非稳态解

$$BSi_2^{t+\Delta t} = BSi_2^t + \frac{\Delta t}{h_2} \left[J_{BSi}^t - w_2 BSi_2^t - h_2 k_{bsi_2}(T) \frac{BSi_2^t}{K_{sSi} + BSi_2^t}(Si_s - f_{dsi_2} Si_2^t) \right]$$

$$(5.20)$$

时间步长（$t + \Delta t$）生物硅溶解率的计算公式为

$$J_{Si}^{t+\Delta t} = h_2 k_{bsi_2}(T) \frac{BSi_2^{t+\Delta t}}{K_{sSi} + BSi_2^{t+\Delta t}}(Si_{sat} - f_{dsi_2} Si_2^t) \qquad (5.21)$$

式中：J_{Si} 为沉积物 BSi 的溶解率，$g - Si \cdot m^{-2} \cdot d^{-1}$。

5.4 沉积物反应常数与系数

两层沉积物的无机状态变量会发生许多反应和质量转化。本节描述 NSM Ⅱ - SedFlus 模型中内部计算的沉积物反应过程以及速率。这些常数对于沉积物无机状态变量的质量平衡求解很重要。

5.4.1　温度依赖系数

大多数的沉积成岩反应速率都是依赖温度的，必须根据第 2 章所提到的温度修正公式进行修正。以下的系数必须根据温度修正公式进行修正

$$v_{nh_4,1}(T) = v_{nh_4,1}(20)\theta^{\frac{T-20}{2}} \tag{5.22a}$$

$$v_{nh_3,1}(T) = v_{no_3,1}(20)\theta^{\frac{T-20}{2}} \tag{5.22b}$$

$$v_{ch_4,1}(T) = v_{ch_4,1}(20)\theta^{\frac{T-20}{2}} \tag{5.22c}$$

$$v_{h_2s,d}(T) = v_{h_2s,d}(20)\theta^{\frac{T-20}{2}} \tag{5.22d}$$

$$v_{h_2s,p}(T) = v_{h_2s,p}(20)\theta^{\frac{T-20}{2}} \tag{5.22e}$$

式中：$v_{nh_4,1}(T)$ 为沉积物层 1 在当地温度下的硝化速度，$m \cdot d^{-1}$；$v_{nh_4,1}(20)$ 为沉积物层 1 在 20℃下的硝化速度，$m \cdot d^{-1}$；$v_{no_3,1}(T)$ 为沉积物层 1 在当地温度下的反硝化速度，$m \cdot d^{-1}$；$v_{no_3,1}(20)$ 为沉积物层 1 在 20℃下的反硝化速度，$m \cdot d^{-1}$；$v_{ch_4,1}(T)$ 为沉积物层 1 在当地温度下的 CH_4 氧化速度，$m \cdot d^{-1}$；$v_{ch_4,1}(20)$ 为沉积物层 1 在 20℃下的 CH_4 氧化速度，$m \cdot d^{-1}$；$v_{h_2s,d}(T)$ 为沉积物层 1 在当地温度下的溶解态 H_2S 氧化速度，$m \cdot d^{-1}$；$v_{h_2s,p}(T)$ 为沉积物层 1 在当地温度下的颗粒态 H_2S 氧化速度，$m \cdot d^{-1}$；$v_{h_2s,d}(20)$ 为沉积物层 1 在 20℃下的溶解态 H_2S 氧化速度，$m \cdot d^{-1}$；$v_{h_2s,p}(20)$ 为沉积物层 1 在 20℃下的颗粒态 H_2S 氧化速度，$m \cdot d^{-1}$。

5.4.2　沉积物平衡分配系数

溶解组分（包括氨氮、硫化物、无机磷和硅）可以被沉积物颗粒吸收。假设在所有时间内，两层沉积物的溶解和吸附相之间存在一个线性分配作用。采用分配系数和每层的沉积物固体浓度来计算溶解部分和颗粒部分，即

$$f_{di} = \frac{1}{1+C_{ssi}k_{di}} = 1 - f_{pi} \tag{5.23}$$

式中：k_{di} 为沉积物层 i 的分配系数，$kg \cdot L^{-1}$；C_{ssi} 为沉积物层 i 的固体浓度，$kg \cdot L^{-1}$。

5.4.3　沉积物半饱和氧气衰减

沉积成岩模块的状态变量并不包含沉积物 DO，假设厌氧层（层 2）的 DO 为零。以上覆水的 DO 浓度为边界条件，假设 DO 从水体线性衰减到好氧层。因此，好氧层 DO 近似等于水体的一半。沉积物硝化作用和氧化作用的氧气衰减系数采用半饱和公式计算，即

$$F_{Oxna1} = \frac{0.5DO}{K_{sOxna1}+0.5DO} \tag{5.24a}$$

$$F_{Oxch1} = \frac{0.5DO}{K_{sOxch}+0.5DO} \tag{5.24b}$$

式中：K_{sOxna1} 为沉积物硝化的半饱和氧气衰减常数，$mg-O_2 \cdot L^{-1}$；K_{sOxch} 为 CH_4 氧化的半饱和氧气衰减常数，$mg-O_2 \cdot L^{-1}$；F_{Oxna1} 为沉积物硝化的氧气衰减系数（$0 \sim 1.0$）；F_{Oxch1} 为沉积物氧化的氧气衰减系数（$0 \sim 1.0$）。

5.4.4　沉积物—水界面转化

表面质量转化速度控制好氧层和上覆水之间的溶解组分交换。因为扩散系数的差异归

到了动力参数中，沉积成岩模块对所有的沉积物溶解状态变量采用相同的质量转化系数（Di Toro，2001）。上覆水和好氧层之间的质量转化系数的定义为

$$K_{L01} = \frac{SOD}{DO} \tag{5.25}$$

式中：K_{L01} 为沉积物—水界面的质量转化速度，$m \cdot d^{-1}$。

5.4.5　两层之间的溶解质量转化

两层之间溶解相和颗粒相混合系数决定了厌氧层中化学物质转化到好氧层和上覆水的速率。层1和层2之间溶解相的混合通过分子扩散实现，这种混合可通过底栖生物的混合活动来加强。底栖生物可以引起生物灌溉（底栖生物以上覆水冲刷洞穴的过程，译者注）和溶解物质扩散。质量转化系数包含了水流、生物灌溉和分子扩散的影响。通过制定沉积物间隙水扩散系数来估算溶解质量转化速度，即

$$K_{L12} = \frac{D_d(T)}{0.5h_2} \tag{5.26}$$

式中：K_{L12} 为层1和层2之间的溶解质量转化速度，$m \cdot d^{-1}$；$D_d(T)$ 为沉积物间隙水扩散系数；K_{L12} 为用于计算层1和层2之间的 NH_4、NO_3、CH_4、H_2S、DIC、DIP 和 DSi 的沉积物扩散。

5.4.6　两层之间的颗粒混合转化

层1和层2之间的颗粒铵、硫化物、磷和硅的转化计算采用颗粒混合转化速度。沉积物颗粒相混合受温度、碳输入和氧气的控制。颗粒相混合转化速度采用表面颗粒扩散系数和沉积物有机碳计算，即

$$w_{12} = \frac{D_p(T)}{0.5h_2} \frac{POC_{G1,2}}{10^3 C_{SS2} POC_r} \tag{5.27}$$

式中：w_{12} 为由生物扰动引起的沉积物颗粒相混合转化速度，$m \cdot d^{-1}$；POC_r 为沉积物颗粒相混合的参考 POC_{G1} 值。

上面的公式假设颗粒混合和存在于沉积物中的不稳定碳的数量有关（例如 $POC_{G1,2}$）。但是，如果过量的碳负荷将产生不利的氧气条件，模型将积累一个底栖应力 [式（5.28）]。应力过去之后，底栖种群需要一年才能恢复，用一年的剩余时间将采用最小值来模拟观测值（Diaz and Rosenberg，1995）。因此，通过底栖应力来修正颗粒混合转化速度。

要注意 QUAL2K 和 WASP 也采用一样的 K_{L12} 和 w_{12} 计算公式，但是原始沉积成岩模块采用的是 h_2，而不是 0.5h。

5.4.7　沉积物底栖应力

周期性缺氧会产生一种额外影响：底栖物种最终将会减少或者消失，因此生物扰动也将随之减少或者消失。为了考虑这种影响，Ti Toro(2001) 定义了一种底栖应力，以模拟施加在物种上的低 DO 条件形成的底栖应力

$$\frac{\partial ST}{\partial t} = -k_{st}ST + \frac{K_{sDp}}{K_{sDp} + DO} \tag{5.28}$$

式中：ST 为沉积物底栖应力，d；k_{st} 为底栖应力的衰减速率，d^{-1}；K_{sDp} 为沉积物颗粒混合的氧气半饱和常数，$mg - O_2 \cdot L^{-1}$。

方程（5.28）可以求解出沉积物底栖应力为

$$ST^{t+\Delta t} = \frac{ST^t + \left(\dfrac{K_{sDp}}{K_{sDp}+DO}\right)\Delta t}{1+k_{st}\Delta t} \qquad (5.29)$$

方程（5.27）中的颗粒相混合系数修正为

$$w_{12} = w_{12}(1-k_{st}ST^{t+\Delta t}) \qquad (5.30)$$

5.4.8　沉积物硫酸盐渗透

硫酸盐还原将消耗硫酸盐，并最终在厌氧层产生硫化物。由于硫化物氧化，好氧层也将产生硫酸盐。硫酸盐减少和硫化物生成是竞争过程，过程的倾向方向只取决于引起抑制的硫酸盐浓度。沉积物硫酸盐浓度随硫化物生成而减小，随硫化物消耗而增加。由于厌氧层硫化物可能在低盐度沉积物中限制硫化物的减少，硫酸盐渗透厚度经常薄于沉积物活跃层厚度；因此，按比例缩小到硫酸盐渗透厚度，以产生一个硫酸盐特定质量转换系数。

沉积硫酸盐特定质量转化速度和硫酸盐渗透厚度的计算公式为

$$K_{L12,SO_4} = \frac{D_d(T)}{0.5h_{so_4}} \qquad (5.31a)$$

$$h_{so_4} = \sqrt{\frac{2D_d(T)\cdot SO_{4_2}\cdot h_2}{J_{Cc}}} \qquad (5.31b)$$

式中：K_{L12,SO_4} 为沉积物硫酸盐特定质量转化速度，$m\cdot d^{-1}$；h_{so_4} 为沉积物硫酸盐渗透厚度，m；J_{Cc} 为反硝化作用而修正的总沉积物 POC 成岩通量，$g-O_2\cdot m^{-2}\cdot d^{-1}$。

5.5　沉积物无机成分

沉积物无机成分状态变量包括铵、氮、无机磷、溶解硅、甲烷、硫化物和硫化氢。本节将介绍这些状态变量的质量平衡方程和数值求解。每个状态变量都在好氧层和厌氧层模拟。NSM Ⅱ - SedFlux 模型模拟生物化学反应、埋藏、有氧沉积物和上覆水之间以及沉积物层之间的溶解物质扩散，沉积物层之间的颗粒物质混合。层 1 的埋藏物变到层 2，层 2 的埋藏物被认为是深度埋藏而脱离模型系统。

NSM Ⅱ - SedFlux 包含了状态变量的两种求解方法。一种是基于稳态条件，另一种是基于非稳态条件。由于好氧层比厌氧层更薄，因此当与厌氧层中发生的缓慢过程相比时，往往假设好氧层处于稳定状态。本节采用同样的矩阵求解方法求解有限差分方程。

5.5.1　沉积物铵

沉积物铵（NH_4）由层 2 的活性 G1 和 G2 类 PON 的分解产生。NH_4 可能通过孔隙水扩散而转化到层 1。在好氧层时，NH_4 通过硝化转化成硝酸盐氮。硝化速率通过关于 NH_4 和 DO 的 Michaelis - Menten 动力学方程来计算。硝化速率随 NH_4 浓度增加而下降。相似地，硝化反应随 DO 下降而降低。沉积物-水界面的 NH_4 转化依赖于好氧层和上覆水之间的浓度梯度。沉积物 NH_4 可能由于沉淀而被埋藏。NH_4 在沉积物中的吸附作用也将模拟。在平衡状态，NH_4 在沉积物和孔隙水之间的分布可以用平衡分布等温线来描述。所以沉积物总铵（TNH$_4$）用单个状态变量描述。层 1 和层 2 的质量平衡方程如下：

$$h_1 \frac{\mathrm{d}TNH_{4_1}}{\mathrm{d}t} = -w_2 TNH_{4_1} \qquad \text{来自层 1 的 NH$_4$ 埋藏}$$

$$-F_{\mathrm{Oxna1}} \frac{K_{\mathrm{sNH_4}}}{K_{\mathrm{sNH_4}} + f_{\mathrm{dn1}} TNH_{4_1}} \frac{v_{\mathrm{nh_{4,1}}}(T)^2}{K_{\mathrm{L01}}} f_{\mathrm{dn_1}} TNH_{4_1} \qquad \begin{array}{l} \text{层 1 的 NH$_4$ 硝化} \\ (\mathrm{NH}_{4_1} \rightarrow \mathrm{NO}_{3_1}) \end{array}$$

$$+w_{12}(f_{\mathrm{pn2}} TNH_{4_2} - f_{\mathrm{pn1}} TNH_{4_1}) \qquad \begin{array}{l} \text{层 1 和层 2 之间的颗粒 NH$_4$} \\ \text{转化}(\mathrm{PNH}_{4_2} \leftrightarrow \mathrm{PNH}_{4_1}) \end{array}$$

$$+K_{\mathrm{L12}}(f_{\mathrm{dn2}} TNH_{4_2} - f_{\mathrm{dn1}} TNH_{4_1}) \qquad \begin{array}{l} \text{层 1 和层 2 之间的溶解 NH$_4$} \\ \text{转化}(\mathrm{NH}_{4_2} \leftrightarrow \mathrm{NH}_{4_1}) \end{array}$$

$$-K_{\mathrm{L01}}(f_{\mathrm{dn1}} TNH_{4_1} - NH_4) \qquad \begin{array}{l} \text{NH$_4$ 沉积物—水界面转化} \\ (\mathrm{NH}_{4_1} \leftrightarrow \mathrm{NH}_4) \end{array} \qquad (5.32\mathrm{a})$$

$$h_2 \frac{\mathrm{d}TNH_{4_2}}{\mathrm{d}t} = J_{\mathrm{N}} \qquad \text{层 2 的总 PON 成岩通量}$$

$$+w_2 TNH_{4_1} \qquad \text{来自层 1 的 NH$_4$ 埋藏}$$

$$-w_2 TNH_{4_2} \qquad \text{来自层 2 的 NH$_4$ 埋藏}$$

$$-w_{12}(f_{\mathrm{pn2}} TNH_{4_2} - f_{\mathrm{pn1}} TNH_{4_1}) \qquad \begin{array}{l} \text{层 1 和层 2 之间的颗粒 NH$_4$ 转} \\ \text{化}(\mathrm{PNH}_{4_2} \leftrightarrow \mathrm{PNH}_{4_1}) \end{array}$$

$$-K_{\mathrm{L12}}(f_{\mathrm{dn2}} TNH_{4_2} - f_{\mathrm{dn1}} TNH_{4_1}) \qquad \begin{array}{l} \text{层 1 和层 2 之间的溶解 NH$_4$ 转} \\ \text{化}(\mathrm{NH}_{4_2} \leftrightarrow \mathrm{NH}_{4_1}) \end{array} \qquad (5.32\mathrm{b})$$

式中：TNH_{4_1} 为沉积物层 i 的总铵，$\mathrm{mg} - \mathrm{NL}^{-1}$；$K_{\mathrm{sNH_4}}$ 为沉积物硝化的半饱和 NH$_4$ 常数；$f_{\mathrm{dn}i}$，$f_{\mathrm{pn}i}$ 为沉积物层 i 的 NH$_4$ 的颗粒部分和溶解部分。

上述质量平衡方程的隐式有限差分格式为

$$a_{11} TNH_{4_1}^{t+\Delta t} + a_{12} TNH_{4_2}^{t+\Delta t} = b_1 \qquad (5.33\mathrm{a})$$

$$a_{21} TNH_{4_1}^{t+\Delta t} + a_{22} TNH_{4_2}^{t+\Delta t} = b_2 \qquad (5.33\mathrm{b})$$

非稳态解

$$a_{11} = w_{12} f_{\mathrm{pn1}} + K_{\mathrm{L12}} f_{\mathrm{dn1}} + w_2 + f_{\mathrm{dn1}} F_{\mathrm{Oxna1}} \frac{K_{\mathrm{sNH_4}}}{K_{\mathrm{sNH_4}} + f_{\mathrm{dn1}} TNH_{4_1}} \frac{v_{\mathrm{nh_4,1}}(T)^2}{K_{\mathrm{L01}}} + K_{\mathrm{L01}} f_{\mathrm{dn1}}$$
$$(5.34\mathrm{a})$$

$$a_{12} = -w_{12} f_{\mathrm{pn2}} - K_{\mathrm{L12}} f_{\mathrm{dn2}} \qquad (5.34\mathrm{b})$$

$$b_1 = K_{\mathrm{L01}} NH_4^t \qquad (5.34\mathrm{c})$$

$$a_{21} = -w_{12} f_{\mathrm{pn1}} - K_{\mathrm{L12}} f_{\mathrm{dn1}} - \omega_2 \qquad (5.34\mathrm{d})$$

$$a_{22} = (w_{12} f_{\mathrm{pn2}} + K_{\mathrm{L12}} f_{\mathrm{dn2}} + \omega_2) + \frac{h_2}{\Delta t} \qquad (5.34\mathrm{e})$$

$$b_2 = J_N^{t+\Delta t} + \frac{h_2}{\Delta t} TNH_{4_2}^t \tag{5.34f}$$

稳态解

$$a_{22} = w_{12} f_{pn2} + K_{L12} f_{dn2} + \omega_2 \tag{5.35a}$$

$$b_2 = J_N^{t+\Delta t} \tag{5.35b}$$

为了求解 TNH_4，层 1 和层 2 的沉积物铵初始条件需要转换成总浓度。每层的溶解铵计算方法为

$$NH_{4_i} = f_{dni} TNH_{4_i} \tag{5.36a}$$

$$f_{dni} = \frac{1}{1 + C_{SSi} k_{dnh_4 i}} = 1 - f_{pni} \tag{5.36b}$$

式中：NH_{4_i} 为沉积物层 i 中的铵，$mg-N \cdot L^{-1}$，$i=1,2$。

当氧气可用时，沉积物铵可能会硝化，然后反硝化变成氮气。硝化作用为

$$NH_4^+ + 2O_2 \longrightarrow 2H + H_2O + NO_3^-$$

氧化 $1gN$ 需要 $4.57gO_2$。沉积物硝化过程消耗氧气，这种耗氧定义为氮 SOD（NSOD）

$$NSOD = F_{Oxna1} \frac{K_{sNH_4}}{K_{sNH_4} + f_{dn1} TNH_{4_1}} \frac{v_{nh_4,1}(T)^2}{K_{L01}} f_{dn1} r_{on} TNH_{4_1} \tag{5.37}$$

式中：r_{on} 为硝化作用中 O_2 与 N 之比，$g-O_2 \cdot g^{-1}-N$。

5.5.2 沉积物硝酸盐氮

沉积物硝酸盐氮的唯一源项就是好氧层中的硝化作用。沉积物硝酸盐氮（NO_3）由好氧层中铵硝化作用而产生，并能通过任一层的反硝化作用而减小变成气态氮。两层中的沉积物反硝化都需模拟。层 1 和层 2 的硝酸盐氮质量平衡方程为

$$h_1 \frac{dNO_{3_1}}{dt} = -\frac{v_{no_3,1}(T)^2}{K_{L01}} NO_{3_1} \qquad \text{层 1 的 } NO_3 \text{ 反硝化}$$

$$\quad F_{Oxna1} \frac{K_{sNH_4}}{K_{sNH_4} + f_{dn1} TNH_{4_1}} \frac{v_{nh_4,1}(T)^2}{K_{L01}} f_{dn_1} TNH_{4_1} \qquad \text{层 1 的 } NH_4 \text{ 硝化}(NH_{4_1} \to NO_{3_1})$$

$$\quad + K_{L12}(NO_{3_2} - NO_{3_1}) \qquad \text{层 1 和层 2 之间的 } NO_3 \text{ 转化}$$

$$\qquad\qquad\qquad\qquad\qquad\qquad\qquad (NO_{3_2} \leftrightarrow NO_{3_1})$$

$$\quad - K_{L01}(NO_{3_1} - NO_3) \qquad \text{沉积物-水界面 } NO_3 \text{ 转化}$$

$$\qquad\qquad\qquad\qquad\qquad\qquad\qquad (NO_3 \leftrightarrow NO_{3_1}) \tag{5.38a}$$

$$h_2 \frac{dNO_{3_2}}{dt} = -v_{no_3,2}(T) \cdot NO_{3_2} \qquad \text{层 2 的 } NO_3 \text{ 反硝化}$$

$$\quad - K_{L12}(NO_{3_2} - NO_{3_1}) \qquad \text{层 1 和层 2 的 } NO_3 \text{ 转化}$$

$$\qquad\qquad\qquad\qquad\qquad\qquad\qquad (NO_{3_2} \leftrightarrow NO_{3_1}) \tag{5.38b}$$

式中：NO_{3_i} 为沉积物层 i 的硝酸盐氮，$mg-N \cdot L^{-1}$。

硝酸盐氮的上述平衡方程的隐式差分格式为

$$a_{11}NO_{3_1}^{t+\Delta t} + a_{12}NO_{3_2}^{t+\Delta t} = b_1 \tag{5.39a}$$

$$a_{21}NO_{3_1}^{t+\Delta t} + a_{22}NO_{3_2}^{t+\Delta t} = b_2 \tag{5.39b}$$

非稳态解

$$a_{11} = K_{L12} + \frac{v_{no_{3,1}}(T)^2}{K_{L01}} + K_{L01} \tag{5.40a}$$

$$a_{12} = -K_{L12} \tag{5.40b}$$

$$b_1 = F_{Oxna1} \frac{K_{sNH_4}}{K_{sNH_4} + f_{dn1}TNH_{4_1}^t} \frac{v_{nh_{4,1}}(T)^2}{K_{L01}} f_{dn1}TNH_{4_1}^{t+\Delta t} + K_{L01}NO_3^t \tag{5.40c}$$

$$a_{21} = -K_{L12} \tag{5.40d}$$

$$a_{22} = (K_{L12} + v_{no_{3,2}}(T)) + \frac{h_2}{\Delta t} \tag{5.40e}$$

$$b_2 = \frac{h_2}{\Delta t}NO_{3_2}^t \tag{5.40f}$$

稳态解

$$a_{22} = K_{L12} + v_{no_{3,2}}(T) \tag{5.41a}$$

$$b_2 = 0 \tag{5.41b}$$

沉积物和上覆水之间的硝酸盐氮运动受到水体硝酸盐氮浓度的强烈影响。当水中硝酸盐氮充足时，硝酸盐氮往往从上覆水扩散到沉积物中，在沉积物中反硝化变成气态形式，在这种情况下，沉积物是上覆水硝酸盐的汇项。当水体硝酸盐氮缺少时，少量的硝酸盐氮可能将从沉积物孔隙水扩散到上覆水中。

5.5.3 沉积物甲烷

厌氧层中的沉积物碳岩化将产生硫化氢（H_2S）或者甲烷（CH_4）。在淡水沉积物中，有机碳分解产生甲烷。在咸水中，成岩作用（通过硫酸盐减小）可以生成硫化氢。硫酸盐减少的过程非常重要；硫酸盐是咸水（28mM）的主要组分。沉积物碳岩化通过以下反应产生甲烷和硫化氢

$$2CH_2O \longrightarrow CH_4 + CO_2$$

$$2CH_2O + H_2SO_4 \longrightarrow 2CO_2 + H_2S + 2H_2O$$

式中：CH_2O 为沉积物有机物质的简单表示。

在厌氧层中，1g 有机质产生 0.5g 甲烷或者 0.5g 硫化氢。但是，有一些沉积物有机碳并不会分解。沉积物有机碳首先被用于反硝化

$$5CH_2O + 4H^+ + 4NO_3^- \longrightarrow 5CO_2 + 2N_2 + 7H_2O$$

反硝化过程中所消耗的沉积物碳成岩通量 $J_{C,dn}$ 的计算公式为

$$J_{C,dn}^{t+\Delta t} = r_{OC} \frac{5 \times 12}{4 \times 14} \left[\frac{v_{no_{3,1}}(T)^2}{K_{L01}} NO_{3_1}^{t+\Delta t} + v_{no_{3,2}}(T)NO_{3_2}^{t+\Delta t} \right] \tag{5.42}$$

当甲烷生成后，所有剩下的碳参与硫酸盐还原反应。剩下的沉积物碳通量变成

$$J_{Cc}^{t+\Delta t} = r_{OC}J_{C}^{t+\Delta t} - J_{C,dn}^{t+\Delta t} \tag{5.43}$$

甲烷会溶解，浓度往往会急剧增加直到淡水沉积物达到饱和。甲烷饱和度主要是水压（深度）和水温的函数，尽管盐度也会影响饱和度。Di Toro 提出的甲烷饱和度方程为

$$CH_{4s} = 100\left(1 + \frac{h}{10}\right)1.024^{20-T} \tag{5.44}$$

式中：CH_{4s} 为甲烷饱和度，$mg - O_2 \cdot L^{-1}$；h 为上覆水水深，m。

当孔隙水变成甲烷饱和之后，甲烷可能储存在气泡中并移动离开。甲烷以气泡形式损失是一种重要的汇项。在 NSM Ⅱ - SedFlux 中，有两种选项以计算沉积物甲烷及其需氧量：①数值解；②解析解。如果甲烷饱和溢出，由于 CSOD 变成常数并达到上限，因此数值解不适用。

5.5.3.1　数值解

层 1 和层 2 的沉积物甲烷的质量平衡方程为

$$h_1\frac{dCH_{4_1}}{dt} = -F_{Oxch1}\frac{v_{ch4,1}(T)^2}{K_{L01}}CH_{4_1} \qquad \text{层 1 的 } CH_4 \text{ 氧化}(CSOD_{CH_4})$$

$$+ K_{L12}(CH_{4_2} - CH_{4_1}) \qquad \text{层 1 和层 2 之间 } CH_4 \text{ 转化}(CH_{4_2} \leftrightarrow CH_{4_1})$$

$$- K_{L01}(CH_{4_1} - CH_4) \qquad \text{沉积物—水界面 } CH_4 \text{ 转化}(J_{CH_4(d)}) \tag{5.45a}$$

$$h_2\frac{dCH_{4_2}}{dt} = J_{C,CH_4} \qquad \text{总 POC 成岩变成层 2 的 } CH_4$$

$$- K_{L12}(CH_{4_2} - CH_{4_1}) \qquad \text{层 1 和层 2 之间的 } CH_4 \text{ 转化}$$

$$(CH_{4_2} \leftrightarrow CH_{4_1}) \tag{5.45b}$$

式中：CH_{4_i} 为沉积物层 i 的甲烷浓度，$mg - O_2 \cdot L^{-1}$；J_{C,CH_4} 为总沉积物 POC 成岩变成 CH_4，$g - O_2 \cdot m^{-2} \cdot d^{-1}$。

CH_4 的上述平衡方程的隐式离散格式为

$$a_{11}CH_{4_1}^{t+\Delta t} + a_{12}CH_{4_2}^{t+\Delta t} = b_1 \tag{5.46a}$$

$$a_{21}CH_{4_1}^{t+\Delta t} + a_{22}CH_{4_2}^{t+\Delta t} = b_2 \tag{5.46b}$$

非稳态解

$$a_{11} = K_{L12} + F_{Oxch1}\frac{v_{ch4,1}(T)^2}{K_{L01}} + K_{L01} \tag{5.47a}$$

$$a_{12} = -K_{L12} \tag{5.47b}$$

$$b_1 = K_{L01}CH_4^t \tag{5.47c}$$

$$a_{21} = -K_{L12} \tag{5.47d}$$

$$a_{22} = K_{L12} + \frac{h_2}{\Delta t} \tag{5.47e}$$

$$b_2 = J_{C,CH_4}^{t+\Delta t} + \frac{h_2}{\Delta t}CH_{4_2}^t \tag{5.47f}$$

稳态解

$$a_{22} = K_{L12} \tag{5.48a}$$

$$b_2 = J_{C,CH_4}^{t+\Delta t} \tag{5.48b}$$

如果层 2 的 CH_{4_2} 模拟浓度超过了饱和度，则将 CH_{4_2} 设置为 CH_{4_s} 饱和浓度，层 1 的浓度重新根据方程（5.44）计算。假设不发生过饱和，超出饱和所产生的甲烷立即转变成气泡。这意味着饱和形成之后所产生的甲烷都将损失到大气中。当 $CH_{4_2} > CH_{4_s}$ 时，甲烷的气体通量通过沉积物甲烷质量平衡方程计算，即

$$J_{CH_4(g)}^{t+\Delta t} = J_{C,CH_4}^{t+\Delta t} - J_{CH_4(d)}^{t+\Delta t} - CSOD_{CH_4}^{t+\Delta t} - \frac{h_2}{\Delta t}(CH_{4_2}^{t+\Delta t} - CH_{4_2}^t) \tag{5.49}$$

如果 $CH_{4_2} < CH_{4_s}$，则不形成气体，溶解甲烷通量和碳沉积通量相等。

碳岩化所产生的溶解甲烷可以被好氧层中的细菌氧化（这将对上覆水增加一个需氧量），或者以通量的形式释放到水体中。甲烷消耗氧气生成 CO_2。如果上覆水氧气含量低，则甲烷不会被完全氧化。因此，甲烷氧化根据 Michaelis - Menten 动力学方程（与甲烷和氧化剂有关）计算。甲烷氧化耗氧是 SOD 的一部分，其表达式为

$$CSOD_{CH_4} = F_{Oxch1} \frac{v_{CH_4,1}(T)^2}{K_{L01}} CH_{4_1} \tag{5.50}$$

式中：$CSOD$ 为被甲烷氧化的最终的可生物降解有机质（不包括有机氮）。

5.5.3.2 解析解

Di Toro 提出了一种可以确定甲烷氧化消耗 SOD 和溶解甲烷稳态通量的解析解。甲烷氧化耗氧可以通过孔隙水中甲烷饱和度的函数计算，即

$$CSOD_{CH_4} = CSOD\left[1 - sech\left(\frac{v_{CH_4}(T)}{K_{L01}}\right)\right]_{max} \tag{5.51a}$$

$$CSOD_{min}\left(\sqrt{2K_{L12}CH_{4_s}J_{C,CH_4}}, J_{C,CH_4}\right)_{max} \tag{5.51b}$$

式中：$CSOD_{max}$ 为层 1 所有 CH_4 氧化时的最大沉积物耗氧量，$g - O_2 \cdot m^{-2} \cdot d^{-1}$；$CSOD_{CH_4}$ 为 CH_4 氧化产生的 SOD，$g - O_2 \cdot m^{-2} \cdot d^{-1}$。

在这种方法中，沉积物碳矿化只生成甲烷。沉积物甲烷只在层 1 计算，浓度计算公式为

$$CH_{4_1} = \frac{K_{L01}}{v_{CH_4}(T)} \sqrt{2K_{L12}CH_{4_s}J_{C,CH_4}} \left[1 - sech\left(\frac{v_{CH_4}(T)}{K_{L01}}\right)\right] \tag{5.52}$$

如果上覆水氧含量低，没有被完全氧化的甲烷可以以水通量或者气体通量从沉积物逃脱到上覆水中。溶解甲烷通量的解析解为

$$J_{CH_4(d)}^{t+\Delta t} = CSOD_{max}^{t+\Delta t} - CSOD_{CH_4}^{t+\Delta t} \tag{5.53}$$

以气泡形式损失的沉积物甲烷变成

$$J_{CH_4(g)}^{t+\Delta t} = J_{C,CH_4}^{t+\Delta t} - J_{CH_4(d)}^{t+\Delta t} - CSOD_{CH_4}^{t+\Delta t} \tag{5.54}$$

5.5.4 沉积物硫酸盐

硫酸盐还原反应是发生在高盐度沉积物中的重要成岩过程，这也是硫化物的来源。硫化物氧化是 SOD 的一个重要组成部分；因此，NSM Ⅱ - SedFlux 包含了对沉积物硫酸盐

的模拟。水体中的硫酸盐不是模拟得到而是通过盐度线性回归来计算。层 1 和层 2 的硫酸盐质量平衡方程为

$$h_1 \frac{dSO_{4_1}}{dt} = + \frac{0.5DO}{K_{sH_2S}} \frac{v_{h_2s,d}^2(T)f_{dh1} + v_{h_2s,p}^2(T)f_{ph1}}{K_{L01}} TH_2S_1 \qquad \text{层 1 的 } H_2S \text{ 氧化}$$

$$+ K_{L12,SO_4}(SO_{4_2} - SO_{4_1}) \qquad \begin{array}{l}\text{层 1 和层 2 之间的 } SO_4 \\ \text{转化}(SO_{4_2} \leftrightarrow SO_{4_1})\end{array}$$

$$+ K_{L01}(SO_4 - SO_{4_1}) \qquad \begin{array}{l}\text{沉积物—水界面 } SO_4 \\ \text{转化}(SO_{4_1} \leftrightarrow SO_4)\end{array} \qquad (5.55a)$$

$$h_2 \frac{dSO_{4_4}}{dt} = -J_{C,H_2S} \qquad \text{总 POC 成岩变成层 2 的 } H_2S$$

$$- K_{L12,SO_4}(SO_{4_2} - SO_{4_1}) \qquad \begin{array}{l}\text{层 1 和层 2 之间的 } SO_4 \\ \text{转化}(SO_{4_2} \leftrightarrow SO_{4_1})\end{array} \qquad (5.55b)$$

式中：SO_{4_i} 为沉积物层 i 的硫酸盐（$i = 1, 2$），$mg - O_2 \cdot L^{-1}$；J_{C,H_2S} 为沉积物 POC 成岩变成 H_2S，$g - O_2 \cdot m^{-2} \cdot d^{-1}$；$K_{L12,SO_4}$ 为沉积物硫酸盐的指定质量转化速度，$m \cdot d^{-1}$。

当计算由硫酸盐还原生成硫化物和甲烷所造成的沉积物总 POC 成岩通量时，有两种计算选项：①硫酸盐渗透厚度；②硫酸盐半饱和方程。硫酸盐作为一个可选因子使用是为了反映这样的可能性：当硫酸盐浓度更高时，整个沉积物 POC 岩化将有更大部分和硫酸盐还原有关。如果用户想消除沉积成岩对硫酸盐的依赖，可以在模型输入时将水体 SO_4 浓度设置为零。若采用第一种方程，则由于硫酸盐还原所造成的沉积物 POC 成岩作用的计算公式为

$$J_{C,H_2S} = J_{C_c} \frac{h_{SO_4}}{h_2} \qquad (5.56a)$$

$$J_{CH_4} = J_{C_c} \left(1 - \frac{h_{SO_4}}{h_2}\right) \qquad (5.56b)$$

对于混合区域，沉积物 POC 成岩通量采用上述方式更为合理。下面的半饱和方程可以计算 POC 成岩通量，即

$$J_{C,H_2S} = J_{C_c} \frac{SO_{4_2}}{SO_{4_2} + K_{sSO_4}} \qquad (5.57a)$$

$$J_{C,CH_4} = J_{C_c} \left(1 - \frac{SO_{4_2}}{SO_{4_2} + K_{sSO_4}}\right) \qquad (5.57b)$$

式中：K_{sSO_4} 为沉积物 SO_4 的半饱和常数，$mg - O_2 \cdot L^{-1}$。

该方程已在咸水沉积物中使用。当沉积物硫酸盐浓度远小于 K_{sSO_4}，J_{C_c} 和 J_{C,H_2S} 两者接近线性依赖。相反地，当硫酸盐浓度远大于 K_{sSO_4}，J_{C,H_2S} 将不随硫酸盐变化。

SO_4 质量平衡方程的隐式有限差分格式为

$$a_{11} SO_{4_1}^{t+\Delta t} + a_{12} SO_{4_2}^{t+\Delta t} = b_1 \tag{5.58a}$$

$$a_{21} SO_{4_1}^{t+\Delta t} + a_{22} SO_{4_2}^{t+\Delta t} = b_2 \tag{5.58b}$$

非稳态解为

$$a_{11} = -K_{L01} - K_{L12,SO_4} \tag{5.59a}$$

$$a_{12} = K_{L12,SO_4} \tag{5.59b}$$

$$b_1 = K_{L01} SO_4^t + \frac{0.5DO}{K_{sH_2S}} \frac{v_{h_2s,d}^2(T) f_{dh1} + v_{h_2s,p}^2(T) f_{ph1}}{K_{L01}} TH_2S_1^t \tag{5.59c}$$

$$a_{21} = K_{L12,SO_4} \tag{5.59d}$$

$$a_{22} = -K_{L12,SO_4} + \frac{h_2}{\Delta t} \tag{5.59e}$$

$$b_2 = \frac{h_2}{\Delta t} SO_{4_2}^t \tag{5.59f}$$

稳态解为

$$a_{22} = -K_{L12,SO_4} \tag{5.60a}$$

$$b_2 = 0 \tag{5.60b}$$

5.5.5 沉积物总硫化氢

在厌氧层中硫酸盐还原反应产生硫化氢（H_2S）。硫化氢的一部分和铁反应生成颗粒硫化铁（FeS）（Morse et al.，1987）。剩余部分扩散到好氧层，一部分氧化成硫酸盐，这个过程需要耗氧。此外，颗粒混合作用能把一些颗粒硫化铁移动到好氧层，氧化生成三价铁羟基氧化物，这一过程也需要消耗水体中的氧气。沉积成岩模块中将模拟溶解和颗粒态硫化氢的氧化反应。如果上覆水氧气含量低，则在好氧层未完全氧化的硫化物将扩散到上覆水中。沉积物中的硫化氢可能由于沉降而被埋藏。沉积物层 1 和层 2 的总硫化氢（TH_2S）的质量平衡方程为

$$h_1 \frac{dTH_2S_1}{dt} = -w_2 TH_2S_1 \qquad \text{来自层 1 的 } TH_2S \text{ 埋藏}$$

$$-\frac{0.5DO}{K_{sH_2S}} \frac{v_{h_2s,d}^2(T) f_{dh1} + v_{h_2s,p}^2(T) f_{ph1}}{K_{L01}} TH_2S_1 \qquad \text{层 1 的 } H_2S \text{ 氧化}(CSOD_{H_2S})$$

$$+ w_{12}(f_{ph2} TH_2S_2 - f_{ph1} TH_2S_1) \qquad \begin{array}{l} \text{层 1 和层 2 的颗粒 } H_2S \text{ 转化} \\ (PH_2S_2 \leftrightarrow PH_2S_1) \end{array}$$

$$+ K_{L12,SO_4}(f_{dh2} TH_2S_2 - f_{dh1} TH_2S_1) \qquad \begin{array}{l} \text{层 1 和层 2 的溶解 } H_2S \\ \text{转化}(H_2S_2 \leftrightarrow H_2S_1) \end{array}$$

$$- K_{L01}(f_{dh1} TH_2S_1 - H_2S) \qquad \begin{array}{l} \text{沉积物—水界面 } H_2S \\ \text{转化}(H_2S_1 \leftrightarrow H_2S) \end{array} \tag{5.61a}$$

$$h_2 \frac{\mathrm{d}TH_2S_2}{\mathrm{d}t} = J_{\mathrm{C,H_2S}} \qquad 总 POC 成岩变成层 2 的 H_2S$$

$$-w_{12}(f_{\mathrm{ph2}}TH_2S_2 - f_{\mathrm{ph1}}TH_2S_1) \qquad \begin{array}{l} 层 1 和层 2 之间的颗粒 \\ H_2S 转化（PH_2S_2 \leftrightarrow PH_2S_1） \end{array}$$

$$-K_{\mathrm{L12,SO_4}}(f_{\mathrm{dh2}}TH_2S_2 - f_{\mathrm{dh1}}TH_2S_1) \qquad \begin{array}{l} 层 1 和层 2 之间的 \\ 溶解 H_2S 转化（H_2S_2 \leftrightarrow H_2S_1） \end{array}$$

$$+w_2 TH_2S_1 \qquad 来自层 1 的 TH_2S 埋藏$$

$$-w_2 TH_2S_2 \qquad 来自层 2 的 TH_2S 埋藏 \qquad (5.61\mathrm{b})$$

式中：TH_2S_i 为沉积物层 i 的总硫化氢（$i = 1, 2$），$\mathrm{mg\text{-}O_2 \cdot L^{-1}}$；$K_{\mathrm{sH_2S}}$ 为 H_2S 氧化的归一化常数，$\mathrm{g\text{-}O_2 \cdot m^{-3}}$；$f_{\mathrm{dh}i}$，$f_{\mathrm{ph}i}$ 为沉积物层 i 中 H_2S 的溶解态与颗粒部分。

上述 TH_2S 的质量平衡方程的隐式离散格式为

$$a_{11}TH_2S_1^{t+\Delta t} + a_{12}TH_2S_2^{t+\Delta t} = b_1 \qquad (5.62\mathrm{a})$$

$$a_{21}TH_2S_1^{t+\Delta t} + a_{22}TH_2S_2^{t+\Delta t} = b_2 \qquad (5.62\mathrm{b})$$

非稳态解为

$$a_{11} = w_{12}f_{\mathrm{ph1}} + K_{\mathrm{L12,SO_4}}f_{\mathrm{dh1}} + w_2 + w_m f_{\mathrm{dh1}} + \frac{0.5DO}{K_{\mathrm{sH_2S}}} \frac{v_{\mathrm{h_2s,d}}^2(T)f_{\mathrm{dh1}} + v_{\mathrm{h_2s,p}}^2(T)f_{\mathrm{ph1}}}{K_{\mathrm{L01}}}$$

$$(5.63\mathrm{a})$$

$$a_{12} = -w_{12}f_{\mathrm{ph2}} - K_{\mathrm{L12,SO_4}}f_{\mathrm{dh2}} \qquad (5.63\mathrm{b})$$

$$b_1 = K_{\mathrm{L01}}TH_2S^t \qquad (5.63\mathrm{c})$$

$$a_{21} = -w_{12}f_{\mathrm{ph1}} - K_{\mathrm{L12}}f_{\mathrm{dh1}} - w_2 \qquad (5.63\mathrm{d})$$

$$a_{22} = (w_{12}f_{\mathrm{ph2}} + K_{\mathrm{L12,SO_4}}f_{\mathrm{dh2}} + w_2) + \frac{h_2}{\Delta t} \qquad (5.63\mathrm{e})$$

$$b_2 = J_{\mathrm{C,H_2S}}^{t+\Delta t} + \frac{h_2}{\Delta t}TH_2S_2^t \qquad (5.63\mathrm{f})$$

稳态解为

$$a_{22} = w_{12}f_{\mathrm{ph2}} + K_{\mathrm{L12,SO_4}}f_{\mathrm{dh2}} + w_2 \qquad (5.64\mathrm{a})$$

$$b_2 = J_{\mathrm{C,H_2S}}^{t+\Delta t} \qquad (5.64\mathrm{b})$$

每层的溶解硫化氢为

$$H_2S_i = f_{\mathrm{dn}i}TH_2S_i \qquad (5.65\mathrm{a})$$

$$f_{\mathrm{dh}i} = \frac{1}{1 + C_{\mathrm{ss}i}k_{\mathrm{dh_2s}i}} = 1 - f_{\mathrm{ph}i} \qquad (5.65\mathrm{b})$$

硫化氢耗氧量为

$$CSOD_{\mathrm{H_2S}} = \frac{0.5DO}{K_{\mathrm{sH_2S}}} \frac{v_{\mathrm{h_2s,d}}^2(T)f_{\mathrm{dh1}} + v_{\mathrm{h_2s,p}}^2(T)f_{\mathrm{ph1}}}{K_{\mathrm{L01}}} TH_2S_1 \qquad (5.66)$$

5.5.6 沉积物溶解无机碳

厌氧层的 POC 岩化和好氧层的甲烷氧化会产生 CO_2。沉积物反硝化也会释放 CO_2。

沉积物层 1 和层 2 的溶解无机碳（DIC）的质量平衡方程为

$$h_1 \frac{\mathrm{d}DIC_1}{\mathrm{d}t} = \frac{1}{2r_{oc}} F_{\mathrm{Oxch1}} \frac{v_{\mathrm{ch_4,1}}(T)^2}{K_{\mathrm{L01}}} CH_{4_1} \qquad \text{层 1 的 } CH_4 \text{ 氧化}(CH_{4_1} \rightarrow DIC_1)$$

$$+ \frac{5 \times 12}{4 \times 14} \frac{v_{\mathrm{no_3,1}}(T)^2}{K_{\mathrm{L01}}} NO_{3_1} \qquad \text{反硝化}(\text{反硝化} \rightarrow DIC_1)$$

$$+ K_{\mathrm{L12}}(DIC_2 - DIC_1) \qquad \text{层 1 和层 2 之间的 DIC 转化}$$
$$(DIC_2 \leftrightarrow DIC_1)$$

$$- K_{\mathrm{L01}}(DIC_1 - 12000DIC) \qquad \text{沉积物—水界面 DIC 转化}$$
$$(DIC_1 \leftrightarrow DIC) \qquad (5.67a)$$

$$h_2 \frac{\mathrm{d}DIC_2}{\mathrm{d}t} = \frac{1}{r_{oc}} \left(\frac{1}{2} J_{\mathrm{C,H_4}} + J_{\mathrm{C,H_2S}} \right) \qquad \text{碳成岩变成层 2 的 DIC}$$

$$+ \frac{5 \times 12}{4 \times 14} v_{\mathrm{no_3,2}}(T) \cdot NO_{3_2} \qquad \text{反硝化}(\text{反硝化} \leftrightarrow DIC_2)$$

$$- K_{\mathrm{L12}}(DIC_2 - DIC_1) \qquad \text{层 1 和层 2 之间的 DIC 转化}$$
$$(DIC_2 \leftrightarrow DIC_1) \qquad (5.67b)$$

式中：DIC_i 为沉积物层 i 的溶解态无机碳。

沉积物 DIC 为了简便采用单位 $\mathrm{mg-C \cdot L^{-1}}$，但是水体 DIC 计算采用 $\mathrm{mol \cdot L^{-1}}$，$1\mathrm{mol \cdot L^{-1}}$ 等于 $12000\mathrm{mg-C \cdot L^{-1}}$。DIC 的上述质量方程的隐式有限差分格式为

$$a_{11} DIC_1^{t+\Delta t} + a_{12} DIC_2^{t+\Delta t} = b_1 \qquad (5.68a)$$

$$a_{21} DIC_1^{t+\Delta t} + a_{22} DIC_2^{t+\Delta t} = b_2 \qquad (5.68b)$$

非稳态解为

$$a_{11} = K_{\mathrm{L12}} + K_{\mathrm{L01}} \qquad (5.69a)$$

$$a_{12} = -K_{\mathrm{L12}} \qquad (5.69b)$$

$$b_1 = \frac{1}{2r_{oc}} F_{\mathrm{Oxch1}} \frac{v_{\mathrm{ch_4,1}}(T)^2}{K_{\mathrm{L01}}} CH_{4_1}^{t+\Delta t} + \frac{5 \times 12}{4 \times 14} \frac{v_{\mathrm{no_3,1}}(T)^2}{K_{\mathrm{L01}}} NO_{3_1} + 1200 K_{\mathrm{L01}} DIC^t$$
$$(5.69c)$$

$$a_{21} = -K_{\mathrm{L12}} \qquad (5.69d)$$

$$a_{22} = K_{\mathrm{L12}} + \frac{h_2}{\Delta t} \qquad (5.69e)$$

$$b_2 = \frac{1}{r_{oc}} \left(\frac{1}{2} J_{\mathrm{C,CH_4}}^t + J_{\mathrm{C,H_2S}}^t \right) + \frac{5 \times 12}{4 \times 14} v_{\mathrm{no_3,2}}(T) NO_{3_2} + \frac{h_2}{\Delta t} DIC_2^t \qquad (5.69f)$$

稳态解为

$$a_{22} = K_{\mathrm{L12}} \qquad (5.70a)$$

$$b_2 = 0 \qquad (5.70b)$$

5.5.7 沉积物总无机磷

模型考虑了沉积物总无机磷（TIP）的溶解和颗粒部分。TIP 有两种来源：①厌氧层

POP 反应 G1 和 G2 分解所生成的磷；②吸附在悬浮物质上的磷沉降到沉积物上。沉积物无机磷可能会被埋藏，流向水体（两种可能应为并列关系，译者注）。层 1 和层 2 的 TIP 质量平衡方程为

$$h_1 \frac{\mathrm{d}TIP_1}{\mathrm{d}t} = -w_2 TIP_1 \qquad \text{来自层 1 的 TIP 埋藏}$$

$$+ w_{12}(f_{pp2} TIP_2 - f_{pp1} TIP_1) \qquad \begin{array}{l}\text{层 1 和层 2 之间的颗粒 TIP 转化}\\ (PIP_2 \leftrightarrow PIP_1)\end{array}$$

$$+ K_{L12}(f_{dp2} TIP_2 - f_{dp1} TIP_1) \qquad \begin{array}{l}\text{层 1 和层 2 之间的溶解 TIP 转化}\\ (DIP_2 \leftrightarrow DIP_1)\end{array}$$

$$+ K_{L01}(f_{dp1} TIP_1 - f_{dp} TIP) \qquad \begin{array}{l}\text{沉积物-水界面 DIP 转化}\\ (DIP_1 \leftrightarrow DIP)\end{array} \qquad (5.71a)$$

$$h_2 \frac{\mathrm{d}TIP_2}{\mathrm{d}t} = J_P \qquad \text{总 POP 成岩变成层 2 的通量}$$

$$- w_{12}(f_{pp2} TIP_2 - f_{pp1} TIP_1) \qquad \begin{array}{l}\text{层 1 和层 2 之间的 PIP}\\ (PIP_2 \leftrightarrow PIP_1),\end{array}$$

$$- K_{L12}(f_{dp2} TIP_2 - f_{dp1} TIP_1) \qquad \begin{array}{l}\text{层 1 和层 2 之间的 DIP 转化}\\ (DIP_2 \leftrightarrow DIP_1),\end{array}$$

$$+ w_2 TIP_1 \qquad \text{来自层 1 的 TIP 埋藏}$$

$$- w_2 TIP_2 \qquad \text{来自层 2 的 TIP 埋藏}$$

$$+ v_{sp} f_{pp} TIP \qquad \text{水体 PIP 沉降} \qquad (5.71b)$$

式中：TIP_i 为沉积物层 i 的总无机磷（$i=1,2$），$\mathrm{mg-P \cdot L^{-1}}$；$f_{dpi}$，$f_{ppi}$ 为沉积物层 i 无机磷的颗粒态溶解部分。

Di Toro(2001) 将溶解态磷酸盐写成水体含氧量的方程，从而在模型中考虑含氧量对磷酸盐的影响。对于好氧层，沉积物无机磷的分配系数根据上覆水 DO 调整，并与临界 DO 浓度比较。当水体含量增加到超过临界值，无机磷的分配系数可以通过用户输入系数来提高。当氧含量为零，采用指数函数使分配系数平滑地减小到厌氧层系数。

$$k_{dpo_{41}} = k_{dpo_{42}}(\Delta k_{po_{41}}), \quad DO > DO_C \qquad (5.72a)$$

$$k_{dpo_{41}} = k_{dpo_{42}}(\Delta k_{po_{41}})^{DO/DO_C}, \quad DO \leqslant DO_C \qquad (5.72b)$$

式中：$\Delta k_{po_{41}}$ 为好氧层无机磷分配系数的增加量。

TIP 质量方程的隐式有限差分格式为

$$a_{11} TIP_1^{t+\Delta t} + a_{12} TIP_2^{t+\Delta t} = b_1 \qquad (5.73a)$$

$$a_{21} TIP_1^{t+\Delta t} + a_{22} TIP_2^{t+\Delta t} = b_2 \qquad (5.73b)$$

非稳态解为

$$a_{11} = w_{12}f_{pp1} + K_{L12}f_{dp1} + w_2 + K_{L01}f_{dp1} \tag{5.74a}$$

$$a_{12} = -w_{12}f_{pp2} - K_{L12}f_{dp2} \tag{5.74b}$$

$$b_1 = K_{L01}f_{dp1}TIP^t \tag{5.74c}$$

$$a_{21} = -w_{12}f_{pp1} - K_{L12}f_{dp1} - w_2 \tag{5.74d}$$

$$a_{22} = (w_{12}f_{pp2} + K_{L12}f_{dp2} + w_2) + \frac{h_2}{\Delta t} \tag{5.74e}$$

$$b_2 = J_P^{t+\Delta t} + v_S f_{pp}TIP^t + \frac{h_2}{\Delta t}TIP_2^t \tag{5.74f}$$

稳态解为

$$a_{22} = w_{12}f_{pp2} + K_{L12}f_{dp2} + w_2 \tag{5.75a}$$

$$b_2 = J_P^{t+\Delta t} + v_S f_{pp}TIP^t \tag{5.75b}$$

每层的溶解无机磷为

$$DIP_i = f_{dpo_4 i}TIP_i \tag{5.76a}$$

$$f_{dpi} = \frac{1}{1 + C_{ssi}k_{dpo_4 i}} = 1 - f_{ppi} \tag{5.76b}$$

5.5.8 沉积物溶解硅

如果水体模拟硅循环，则 NSM Ⅱ‐SedFlux 将把沉积物溶解硅（DSi）当作一个状态变量。溶解会使生物硅分解产生 DSi。沉积物硅可能被埋藏并流向水体。沉积物总硅的质量平衡方程为

$$h_1\frac{\mathrm{d}Si_1}{\mathrm{d}t} = -w_2 Si_1 \qquad\qquad\qquad 来自层 1 的硅埋藏$$

$$+ w_{12}(f_{ps2}Si_2 - f_{ps1}Si_1) \qquad 层 1 和层 2 之间的颗粒硅转化（PSi_2 \leftrightarrow PSi_1）$$

$$+ K_{L12}(f_{ds2}Si_2 - f_{ds1}Si_1) \qquad 层 1 和层 2 之间的溶解硅转化（DSi_2 \leftrightarrow DSi_1）$$

$$- K_{L01}(f_{ds1}Si_1 - DSi) \qquad 沉积物—水界面硅转化（DSi_1 \leftrightarrow DSi） \tag{5.77a}$$

$$h_2\frac{\mathrm{d}Si_2}{\mathrm{d}t} = J_{Si} \qquad\qquad\qquad\quad 来自层 2 的 BSi 溶解$$

$$- w_{12}(f_{ps2}Si_2 - f_{ps1}Si_1) \qquad 层 1 和层 2 之间的颗粒硅（PSi_2 \leftrightarrow PSi_1）$$

$$- K_{L12}(f_{ds2}Si_2 - f_{ds1}Si_1) \qquad 层 1 和层 2 之间的溶解硅（DSi_2 \leftrightarrow DSi_1）$$

$$+ w_2 Si_1 \qquad\qquad\qquad\qquad 来自层 1 的硅埋藏$$

$$- w_2 Si_2 \qquad\qquad\qquad\qquad 来自层 2 的硅埋藏 \tag{5.77b}$$

式中：Si_i 为沉积物层 i 的硅（$i=1, 2$），$\mathrm{mg-Si \cdot L^{-1}}$；$f_{dsii}$，$f_{psii}$ 为层 i 的硅的溶解和颗粒部分（$i=1, 2$）。

与无机磷相似，DO 对硅的沉积物—水界面通量有影响。层 1 的沉积物硅分配系数根据上覆水 DO 和临界浓度 $\mathrm{DO_c}$ 来调整，即

$$k_{dsi_1} = k_{dsi_2}(\Delta k_{si_1}), \quad DO > DO_c \tag{5.78a}$$

$$k_{dsi_1} = k_{dsi_2}(\Delta k_{si_1})^{DO/DO_c}, \quad DO \leqslant DO_c \tag{5.78b}$$

式中：Δk_{si_1} 为有氧层沉积物硅增加的分配系数。

沉积物硅的上述平衡方程的隐式差分格式为

$$a_{11}Si_1^{t+\Delta t} + a_{12}Si_2^{t+\Delta t} = b_1 \tag{5.79a}$$

$$a_{21}Si_1^{t+\Delta t} + a_{22}Si_2^{t+\Delta t} = b_2 \tag{5.79b}$$

非稳态解为

$$a_{11} = w_{12}f_{psi_1} + K_{L12}f_{dsi_1} + w_2 + K_{L01}f_{dsi_1} \tag{5.80a}$$

$$a_{12} = -w_{12}f_{psi_2} - K_{L12}f_{dsi_2} \tag{5.80b}$$

$$b_1 = K_{L01}DSi^t \tag{5.80c}$$

$$a_{21} = -w_{12}f_{psi_1} - K_{L12}f_{dsi_1} - w_2 \tag{5.80d}$$

$$a_{22} = w_{12}f_{psi_2} + K_{L12}f_{dsi_2} + w_2 + \frac{h_2}{\Delta t} \tag{5.80e}$$

$$b_2 = J_{si}^{t+\Delta t} + \frac{h_2}{\Delta t}Si_2^t \tag{5.80f}$$

稳态解为

$$a_{22} = w_{12}f_{psi_2} + K_{L12}f_{dsi_2} + w_2 \tag{5.81a}$$

$$b_2 = J_{si}^{t+\Delta t} \tag{5.81b}$$

层 1 和层 2 的初始溶解沉积物硅首先要转换成总浓度以求解沉积物硅含量。每层的溶解硅（DSi）计算公式为

$$DSi_i = f_{dsii}Si_i \tag{5.82a}$$

$$f_{dsii} = \frac{1}{1 + C_{SSi}k_{dSii}} = 1 - f_{psii} \tag{5.82b}$$

式中：DSi_i 为沉积物层 i 的溶解态硅，$mg - Si \cdot L^{-1}$。

5.6　沉积物—水界面通量

沉积成岩模块将计算下面的状态变量的沉积物—水界面通量：铵（NH_4）、硝酸盐（NO_3）、无机磷（TIP）、溶解无机碳（DIC）、甲烷（CH_4）、溶解硫化物（H_xS）、溶解硅（DSi）、溶解氧（DO）。通量可能沿着沉积物—水界面的任一方向，这依赖于浓度梯度。正通量是从沉积物到水体，负通量是从水体到沉积物。这些通量将包含在合适的水体状态变量的源汇项方程中，代替 NSM Ⅱ 中用户给定的沉积物释放速率。

5.6.1　铵

当激活沉积成岩模块时，把铵的沉积物—水界面通量（内部计算）当作水体与沉积物层 1 之间浓度差、质量转换系数的乘积。水体 NH_4 的内部源汇项方程（4.26）加入沉积成岩模块的 NH_4 沉积物—水界面通量，即

$$\frac{\partial NH_4}{\partial t} = \frac{DO}{K_{Oxmn} + DO}k_{don}(T)DON$$

$$- \frac{DO}{K_{Oxna} + DO} \frac{NH_4}{K_{sNh_4} + NH_4} k_{nit}(T) NH_4$$

$$+ \sum_i^3 F_{Oxpi} k_{rpi}(T) r_{nai} A_{pi}$$

$$- \sum_i^3 P_{Npi} \mu_{pi}(T) r_{nai} A_{pi}$$

$$+ \frac{1}{h} F_{Oxb} k_{rb} r_{nb} A_b F_b$$

$$- \frac{1}{h} p_{Nb} \mu_b r_{nb} A_b F_w F_b$$

$$+ \frac{K_{L01}}{h} (f_{dn1} TNH_{4_1} - NH_4) \tag{5.83}$$

5.6.2 硝酸盐

当激活沉积成岩模块，因为沉积物层的反硝化作用内嵌在沉积成岩模块中，因此沉积物反硝化设置为零。水体 NO_3 的内部源汇项方程（4.27）考虑从沉积物到上覆水的 NO_3 通量，即

$$\frac{\partial NO_3}{\partial t} = \frac{DO}{K_{Oxna} + DO} \frac{NH_4}{K_{sNh_4} + NH_4} k_{nit}(T) NH_4$$

$$- \left(1 - \frac{DO}{K_{Oxdn} + DO}\right) k_{dnit}(T) NO_3$$

$$- \sum_i^3 (1 - P_{Npi}) \mu_{pi}(T) r_{nai} A_{pi}$$

$$- \frac{1}{h} (1 - P_{Nb}) \mu_b r_{nb} A_b F_w F_b$$

$$+ \frac{K_{L01}}{h} (NO_{3_1} - NO_3) \tag{5.84}$$

5.6.3 总无机磷

水体 TIP 的内部源汇项方程式（4.32）包含了沉积成岩模块的 DIP 沉积物—水界面通量，即

$$\frac{\partial TIP}{\partial t} = \frac{DO}{K_{Oxmp} + DO} k_{dop}(T) DOP$$

$$- \frac{v_{sp}}{h} f_{pp} TIP$$

$$+ \sum_i^3 F_{Oxpi} k_{rpi}(T) r_{pai} A_{pi}$$

$$- \sum_i^3 \mu_{pi}(T) r_{pai} A_{pi}$$

$$+ \frac{1}{h} F_{Oxb} k_{rb}(T) r_{pb} A_b F_b$$

$$- \frac{1}{h} \mu_b(T) r_{pb} A_b F_w F_b$$

$$+ \frac{K_{L01}}{h} (f_{dp1} TIP_1 - f_{dp} TIP) \tag{5.85}$$

5.6.4 溶解无机碳

水体 DIC 的内部源汇项方程式(4.40) 包含沉积成岩模块的 DIC 沉积物—水界面通量，即

$$12 \times 10^3 \frac{\partial DIC}{\partial t} = 12 k_{ac}(T) \left[10^{-3} k_H(T) p_{CO_2} - 10^3 F_{CO_2} DIC \right]$$

$$+ \frac{DO}{K_{Oxmc} + DO} k_{rdoc}(T) RDOC$$

$$+ \frac{DO}{K_{Oxmc} + DO} k_{ldoc}(T) LDOC$$

$$+ \sum_i^3 F_{Oxpi} k_{rpi}(T) r_{cai} A_{pi}$$

$$- \sum_i^3 \mu_{pi}(T) r_{cai} A_{pi}$$

$$+ \frac{1}{h} F_{Oxb} k_{rb}(T) r_{cb} A_b F_b$$

$$- \frac{1}{h} \mu_b r_{cb} A_b F_b$$

$$+ \frac{1}{r_{oc}} \sum \frac{DO}{K_{sOxbodi} + DO} k_{bodi} CBOD_i$$

$$+ \frac{12}{64} \frac{DO}{K_{sOch_4} + DO} k_{ch_4}(T) CH_4$$

$$+ \frac{K_{L01}}{h} (DIC_1 - 12 \times 10^3 DIC) \tag{5.86}$$

5.6.5 甲烷 (CH₄)

水体溶解态 CH_4 的内部源汇项方程式(4.43) 包含沉积成岩模块的 CH_4 沉积物—水界面通量，即

$$\frac{\partial CH_4}{\partial t} = - k_{ach_4}(T) CH_4$$

$$- \frac{DO}{K_{sOch_4} + DO} k_{ch_4}(T) CH_4$$

$$+ \frac{K_{L01}}{h} (CH_{4_1} - CH_4) \tag{5.87}$$

5.6.6 总溶解硫化物

水体 $H_x S$ 的内部源汇项方程式(4.44) 包含沉积成岩模块的 $H_2 S$ 沉积物—水界面通量，即

$$\frac{\partial H_x S}{\partial t} = -k_{ah_2s}(T)H_2S$$

$$-\frac{DO}{K_{sOhs}+DO}k_{hs}(T)HS$$

$$+\frac{K_{L01}}{h}(H_2S_1-H_2S) \tag{5.88}$$

5.6.7 溶解硅

水体 DSi 的内部源汇项方程式(4.51)包含沉积成岩模块的 DSi 沉积物—水界面通量，即

$$\frac{\partial DSi}{\partial t} = (1-F_{bsi})\sum_{i}^{3}k_{dpi}(T)r_{siai}A_{pi}$$

$$+k_{bsi}(T)\frac{BSi}{K_{sSi}+BSi}(Si_s-DSi)$$

$$+\sum_{i}^{3}F_{Oxpi}k_{rpi}(T)r_{siai}A_{pi}$$

$$-\sum_{i}^{3}\mu_{pi}(T)r_{siai}A_{pi}$$

$$+\frac{K_{L01}}{h}(DSi_1-DSi) \tag{5.89}$$

5.6.8 溶解氧

当激活沉积成岩模块，SOD 变成跟踪有机物质分解的特定化学反应的函数。影响 SOD 过程的有甲烷和硫化物的氧化以及硝化作用。DO 方程式(4.47)源汇项中的 SOD (T) 将在内部计算，代替用户指定值。

5.7 沉积物需氧量及其数值方法

5.7.1 沉积物需氧量 (SOD)

在好氧层，成岩产物氧化会消耗来自水体的溶解氧，因此造成上覆水体的沉积物耗氧 (SOD)。对所有耗氧过程（包括铵、硫化物和甲烷）求和即得 SOD。含碳 SOD(CSOD) 由 $CSOD_{H_2S}$ 和 $CSOD_{CH_4}$ 组成。

$$SOD = CSOD + NSOD = CSOD_{CH_4} + CSOD_{H_2S} + NSOD \tag{5.90}$$

SOD 和表面转换系数 (K_{L01}) 在 NSM Ⅱ - SedFlux 中的计算步骤如下：

(1) 计算 $t+\Delta t$ 时刻的成岩通量：$J_C^{t+\Delta t}$，$J_N^{t+\Delta t}$，$J_P^{t+\Delta t}$，$J_{BSI}^{t+\Delta t}$。

(2) 定义 SOD 的初始估计值

$$SOD^i = r_{oc}J_C^{t+\Delta t} + 1.714J_N^{t+\Delta t} \tag{5.91}$$

(3) 计算 K_{L01}

$$K_{L01} = \frac{SOD^i}{DO^t} \tag{5.92}$$

（4）计算 $t+\Delta t$ 时间层的沉积物浓度，NH_4 采用式（5.31a）、式（5.31b），NO_3 采用式（5.38a）、式（5.38b），CH_4 采用式（5.5a）、式（5.5b），H_2S 采用式（5.61a）、式（5.61b）。

通过下面的矩阵求解方法，采用隐式差分格式求解有限差分方程中时间步 $t+\Delta t$ 的未知浓度。

（5）采用式（5.49）和式（5.65）计算 $CSOD$，采用式（5.36）计算 $NSOD$。

（6）采用下面的加权平均计算新的 SOD

$$SOD=\frac{SOD^i+CSOD^{t+\Delta t}+NSOD^{t+\Delta t}}{2} \tag{5.93}$$

（7）计算近似相对误差（ε_a）以核查收敛性

$$\varepsilon_a=\left|\frac{SOD-SOD^i}{SOD}\right|\times100\% \tag{5.94}$$

如果 $\varepsilon_a>\varepsilon_s$（用户指定的一个标准），则设置 $SOD^i=SOD$ 并返回到第（2）步。

如果 $\varepsilon_a>\varepsilon_s$，满足收敛条件，则采用基于矩阵求解的式（5.67a）、式（5.67b）、式（5.72a）、式（5.72b）、式（5.78a）、式（5.78b），分别计算沉积物的 DIC、TIP 和 DSi 浓度。

（8）计算 CH_4、NO_3、TIP、DIC、H_xS 和 DSi 的沉积物—水界面通量。

（9）采用式（5.82）～式（5.88）分别计算新的 NH_4、NO_3、TIP、DIC、CH_4、H_xS 和 DSi 源汇项。

5.7.2　矩阵求解

层 1 和层 2 的无机物质质量平衡方程中有两个未知量，这些方程可以写成的一般形式为

$$a_{11}x_1+a_{12}x_2=b_1 \tag{5.95a}$$
$$a_{21}x_1+a_{22}x_2=b_2 \tag{5.95b}$$

上述方程采用 Chapra 和 Canale（2006）提出的矩阵方法求解

$$x_1=\frac{a_{22}b_1-a_{12}b_2}{a_{11}a_{22}-a_{12}a_{21}} \tag{5.96a}$$

$$x_2=\frac{a_{11}b_2-a_{21}b_1}{a_{11}a_{22}-a_{12}a_{21}} \tag{5.96b}$$

5.8　沉积成岩参数

表 5.2 汇总了沉积成岩输入参数以及相应默认值。这些参数和系数由 Di Toro（2001）、Martin 和 Wool（2012）编辑。第一组参数包括全局参数，第二组参数包括层 1 的所有参数，第三组参数包括层 2 成岩作用的相关参数。沉积物质的 POC、PON、POP 必须分配成 3 个反应类别（G1 至 G3）。温度依赖系数规定在 20℃ 下。Di Toro（2001）提醒某些成岩系数需要频繁修正。表 5.2 会在每个水质区域重复出现，以允许

用户规定不同的输入参数。

表 5.2   **沉积成岩参数和系数以及默认值**

符 号	定 义	单 位	默认值[a]	参考范围		温度依赖
全 局 参 数						
h_2	活性沉积物层厚度	m	0.01	0.001~1.0		
$Dd(T)$	孔隙水扩散系数	$m^{-2} \cdot d^{-1}$	0.0025	0.0005~0.005	是	1.08
$Dp(T)$	颗粒混合表面扩散系数	$m^{-2} \cdot d^{-1}$	0.00006	n/a	是	1.117
K_{sDp}	沉积物中氧颗粒相混合的半饱和常数	$mg-O_2L^{-1}$	4.0	n/a		
POC_r	生物扰动引起的沉积物 POC 参考值	$mg-Cg^{-1}$	0.1	n/a		
SO_4	上覆水的 SO_4	$mg-O_2L^{-1}$	9.14[b]	n/a		
ε_{no}	数值解的最大迭代次数	无量纲	50	n/a		
ε_s	数值解的相对误差	无量纲	0.001	n/a		
沉 积 物 层 1						
DO_c	临界氧浓度	$mg-O_2L^{-1}$	2.0	n/a		
Δk_{PO41}	沉积物无机磷分配系数的增量	无量纲	20	20~300		
Δk_{SI1}	沉积物硅分配系数的增量	无量纲	20	10~100		
$v_{ch4,1}(T)$	沉积物层 1 的甲烷氧化速度	$m \cdot d^{-1}$	0.7	n/a	是	1.079
$v_{h2s,d}(T)$	沉积物层 1 溶解态硫化氢氧化速度	$m \cdot d^{-1}$	0.2	n/a	是	1.079
$v_{h2s,p}(T)$	沉积物层 1 颗粒态硫化氢氧化转化速率	$m \cdot d^{-1}$	0.4	n/a	是	1.079
k_{sH2S}	硫化氢氧化的归一化常数	$mg-O_2L^{-1}$	4.0	n/a		
K_{sOxch}	沉积物 CH_4 氧化的半饱和氧气常数	$mg-O_2L^{-1}$	0.1	n/a		
$v_{nh4,1}(T)$	沉积物层 1 硝化反应速度	$m \cdot d^{-1}$	0.1313	0.13~0.2	是	1.123
K_{sOxna1}	沉积物硝化的半饱和氧气常数	$mg-O_2L^{-1}$	0.37	n/a		
K_{sNh4}	沉积物硝化的半饱和 NH_4 常数	$mg-NL^{-1}$	0.728	n/a		
$v_{no3,1}(T)$	沉积物层 1 反硝化反应速度	$m \cdot d^{-1}$	0.2	0.2~1.25	是	1.08
C_{ss1}	固体浓度	$kg \cdot L^{-1}$	0.5	0.2~1.2		
沉 积 物 层 2						
F_{AP1}	藻类沉降为 G1 类沉积物的比例	无量纲	0.6	0~1.0		
F_{AP2}	藻类沉降为 G2 类沉积物的比例	无量纲	0.2	0~1.0		
F_{AB1}	底栖藻类死亡沉降为 G1 类沉积物的比例	无量纲	0.6	0~1.0		
F_{AB2}	底栖藻类死亡沉降为 G2 类沉积物的比例	无量纲	0.2	0~1.0		
F_{RPOC1}	RPOC 沉降为 G1 类沉积物 POC 的比例	无量纲	0.0	0~1.0		
F_{RPOC2}	RPOC 沉降为 G2 类沉积物 POC 的比例	无量纲	0.5	0~1.0		
F_{RPON1}	RPON 沉降为 G1 类沉积物 PON 的比例	无量纲	0.0	0~1.0		

续表

符　号	定　义	单　位	默认值^a	参考范围	温度依赖	
F_{RPON2}	RPON 沉降为 G2 类沉积物 PON 的比例	无量纲	0.6	0～1.0		
F_{RPOP1}	RPOP 沉降为 G1 类沉积物 POP 的比例	无量纲	0.0	0～1.0		
F_{RPOP2}	RPOP 沉降为 G2 类沉积物 POP 的比例	无量纲	0.5	0～1.0		
$K_{POCG1}(T)$	G1 类沉积物 POC 的成岩速率	d^{-1}	0.035	n/a	是	1.1
$K_{POCG2}(T)$	G2 类沉积物 POC 的成岩速率	d^{-1}	0.0018	n/a	是	1.15
$K_{PONG1}(T)$	G1 类沉积物 PON 的成岩速率	d^{-1}	0.035	n/a	是	1.1
$K_{PONG2}(T)$	G2 类沉积物 PON 的成岩速率	d^{-1}	0.0018	n/a	是	1.15
$K_{POPG1}(T)$	G1 类沉积物 POP 的成岩速率	d^{-1}	0.035	n/a	是	1.1
$K_{POPG2}(T)$	G2 类沉积物 POP 的成岩速率	d^{-1}	0.0018	n/a	是	1.15
k_{dnh42}	NH_4 分配系数	$L \cdot kg^{-1}$	1.0	n/a		
k_{dh2s2}	H_2S 分配系数	$L \cdot kg^{-1}$	100	n/a		
$v_{no3,2}(T)$	反硝化转化速率	$m \cdot d^{-1}$	0.25	n/a	是	1.08
k_{dpo42}	无机磷分配系数	$L \cdot kg^{-1}$	20	20～1000		
$k_{bsi2}(T)$	沉积物 BSi 溶解率	d^{-1}	0.5	n/a	是	1.10
K_{sSi}	溶解态硅半饱和常数	$mg - Si \cdot L^{-1}$	50000	n/a		
k_{dsi2}	Si 分配系数	$L \cdot kg^{-1}$	100	n/a		
k_{st}	累积底栖应力的一阶段衰减速率	d^{-1}	0.03	n/a		
K_{sSO4}	还原反应中 SO_4 的半饱和常数	$mg - O_2 \cdot L^{-1}$	0.0032	n/a		
C_{ss2}	固体浓度	$kg \cdot L^{-1}$	0.5	0.2～1.2		
w_2	沉积物埋藏速率	$cm \cdot y^{-1}$	0.25	0.25～0.75		

a. Di Toro, 2001；Martin and Wool, 2012。

b. Morel and Hering, 1993。

c. HydroQual, 2004。

5.9　沉积成岩模块输出

本节介绍与沉积成岩模拟有关的输出数据。NSM Ⅱ- SedFlux 输出包括表 5.1 中的状态变量浓度，以及沉积物衍生变量和通量。

5.9.1　衍生变量

表 5.3 列出了 NSM Ⅱ- SedFlux 中的 8 种衍生变量。

表 5.3　　　　　　　　　　　　　　　　　　NSM Ⅱ- SedFlux 中的 8 种衍生变量

变　量	层	定　义	单　位
H_2S_1	1	沉积物溶解硫化氢	$mg - O_2 \cdot L^{-1}$
DIP_1	1	沉积物溶解无机磷	$mg - P \cdot L^{-1}$
H_2S_2	2	沉积物溶解硫化氢	$mg - O_2 \cdot L^{-1}$

变 量	层	定 义	单 位
DIP_2	2	沉积物溶解无机磷	$mg-P \cdot L^{-1}$
POC_2	2	沉积物颗粒有机磷	$mg-C \cdot L^{-1}$
POM_2	2	沉积物颗粒有机物质	$mg-D \cdot L^{-1}$
PON_2	2	沉积物颗粒有机氮	$mg-N \cdot L^{-1}$
POP_2	2	沉积物颗粒有机磷	$mg-P \cdot L^{-1}$

颗粒有机质的沉积物浓度是 3 个类别的求和，即

$$POC_2 = \sum_j^3 POC_{Gj,2} \tag{5.97a}$$

$$POM_2 = \frac{POC_2}{f_{com}} \tag{5.97b}$$

$$PON_2 = \sum_j^3 PON_{Gj,2} \tag{5.97c}$$

$$POP_2 = \sum_j^3 POP_{Gj,2} \tag{5.97d}$$

5.9.2 路径通量

表 5.4 总结了 NSM Ⅱ－SedFlux 输出的过程变量和额外变量。

表 5.4　　　　　　　　　　　**NSM Ⅱ－SedFlux 输出的过程变量和额外变量**

名 称	定 义	单 位
碳 成 岩		
$J_{POC,G1}$	变成沉积物 POC G1 的总沉降量	$g-C \cdot m^{-2} \cdot d^{-1}$
$J_{POC,G2}$	变成沉积物 POC G2 的总沉降量	$g-C \cdot m^{-2} \cdot d^{-1}$
$J_{POC,G3}$	变成沉积物 POC G3 的总沉降量	$g-C \cdot m^{-2} \cdot d^{-1}$
$POCG1_2\,diagenesis$	沉积物 POC G1 成岩过程	$g-C \cdot m^{-2} \cdot d^{-1}$
$POCG2_2\,diagenesis$	沉积物 POC G2 成岩过程	$g-C \cdot m^{-2} \cdot d^{-1}$
$POCG1_2\,burial$	沉积物 POC G1 埋藏过程	$g-C \cdot m^{-2} \cdot d^{-1}$
$POCG2_2\,burial$	沉积物 POC G2 埋藏过程	$g-C \cdot m^{-2} \cdot d^{-1}$
$POC_2\,diagenesis$	沉积物 POC 成岩过程	$g-C \cdot m^{-2} \cdot d^{-1}$
$POC_2\,denitrification$	反硝化消耗的沉积物 POC	$g-O_2 \cdot m^{-2} \cdot d^{-1}$
$POC_2 \rightarrow CH_{42}$	沉积物 POC 成岩变成 CH_4	$g-O_2 \cdot m^{-2} \cdot d^{-1}$
$POC_2 \rightarrow H_2S_2$	沉积物 POC 成岩变成 H_2S	$g-O_2 \cdot m^{-2} \cdot d^{-1}$
CH_{4s}	饱和甲烷浓度	$g-O_2 \cdot m^{-3}$
$CH_{41} \rightarrow CSOD$	层 1 的 CH_4 氧化	$g-O_2 \cdot m^{-2} \cdot d^{-1}$
$CH_{41} \leftrightarrow CH_4$	沉积物-水界面 CH_4 转化	$g-O_2 \cdot m^{-2} \cdot d^{-1}$
$CH_{42} \rightarrow Gas$	来自层 2 的气态甲烷损失	$g-O_2 \cdot m^{-2} \cdot d^{-1}$

名　称	定　义	单　位
$SO_{41} \leftrightarrow SO_4$	沉积物—水界面 SO_4 转化	$g - O_2 \cdot m^{-2} \cdot d^{-1}$
$SO_{42} \leftrightarrow SO_{41}$	层 1 和层 2 的溶解态 SO_4 转化	$g - O_2 \cdot m^{-2} \cdot d^{-1}$
$H_2S_1 \rightarrow CSOD$	来自层 1 的 H_2S 氧化过程	$g - O_2 \cdot m^{-2} \cdot d^{-1}$
$H_2S_1 \leftrightarrow H_2S$	沉积物—水界面 H_2S 转化	$g - O_2 \cdot m^{-2} \cdot d^{-1}$
$TH_2S_1 \, burial$	来自层 1 的 H_2S 埋藏	$g - O_2 \cdot m^{-2} \cdot d^{-1}$
$H_2S_2 \leftrightarrow H_2S_1$	层 1 和层 2 之间的溶解态 H_2S 转化	$g - O_2 \cdot m^{-2} \cdot d^{-1}$
$PH_2S_2 \leftrightarrow PH_2S_1$	层 1 和层 2 之间的颗粒态 H_2S 转化	$g - O_2 \cdot m^{-2} \cdot d^{-1}$
$TH_2S_2 \, burial$	来自层 2 的 H_2S 埋藏	$g - O_2 \cdot m^{-2} \cdot d^{-1}$
$POC_2 \leftrightarrow DIC_2$	沉积物 POC 成岩变成 CO_2	$g - C \cdot m^{-2} \cdot d^{-1}$
$DIC_1 \leftrightarrow DIC$	沉积物—水界面 DIC 通量	$g - C \cdot m^{-2} \cdot d^{-1}$
$DIC_2 \leftrightarrow DIC_1$	层 1 和层 2 之间的 DIC 转化	$g - C \cdot m^{-2} \cdot d^{-1}$
$NO_{31} \, denitrification \rightarrow DIC_1$	来自层 1 的反硝化产生的 DIC	$g - C \cdot m^{-2} \cdot d^{-1}$
$NO_{32} \, denitrification \rightarrow DIC_2$	来自层 2 的反硝化产生的 DIC	$g - C \cdot m^{-2} \cdot d^{-1}$
氮　成　岩		
$J_{PON,G1}$	G1 类沉积物 PON 的总沉降量	$g - N \cdot m^{-2} \cdot d^{-1}$
$J_{PON,G2}$	G2 类沉积物 PON 的总沉降量	$g - N \cdot m^{-2} \cdot d^{-1}$
$J_{PON,G3}$	G3 类沉积物 PON 的总沉降量	$g - N \cdot m^{-2} \cdot d^{-1}$
$PONG1_2 \, burial$	G1 类沉积物 PON 的埋藏	$g - N \cdot m^{-2} \cdot d^{-1}$
$PONG2_2 \, burial$	G2 类沉积物 PON 的埋藏	$g - N \cdot m^{-2} \cdot d^{-1}$
$PONG1_2 \rightarrow NH_{42}$	G1 类沉积物 PON 转化为 NH_4	$g - N \cdot m^{-2} \cdot d^{-1}$
$PONG2_2 \rightarrow NH_{42}$	G2 类沉积物 PON 转化为 NH_4	$g - N \cdot m^{-2} \cdot d^{-1}$
$PON_2 \, diagenesis$	沉积物 PON 成岩	$g - N \cdot m^{-2} \cdot d^{-1}$
$NH_{41} \leftrightarrow NH_4$	沉积物-水界面 NH_4 转化	$g - N \cdot m^{-2} \cdot d^{-1}$
$TNH_{41} \rightarrow TNH_{42}$	来自层 1 的 NH_4 埋藏	$g - N \cdot m^{-2} \cdot d^{-1}$
$NH_{41} \rightarrow NO_{31}$	层 1 的 NH_4 硝化	$g - N \cdot m^{-2} \cdot d^{-1}$
$PNH_{42} \leftrightarrow PNH_{41}$	层 1 和层 2 之间的颗粒 NH_4 转化	$g - N \cdot m^{-2} \cdot d^{-1}$
$NH_{42} \leftrightarrow NH_{41}$	层 1 和层 2 之间的溶解 NH_4 转化	$g - N \cdot m^{-2} \cdot d^{-1}$
$TNH_{42} \, burial$	来自层 2 的 NH_4 埋藏	$g - N \cdot m^{-2} \cdot d^{-1}$
$NO_{31} \leftrightarrow NO_3$	沉积物—水界面 NO_3 转化	$g - N \cdot m^{-2} \cdot d^{-1}$
$NO_{31} \, denitrification$	来自层 1 的 NO_3 反硝化	$g - N \cdot m^{-2} \cdot d^{-1}$
$NO_{32} \leftrightarrow NO_{31}$	层 1 和层 2 之间的 NO_3 转化	$g - N \cdot m^{-2} \cdot d^{-1}$
$NO_{32} \, denitrification$	层 2 的 NO_3 反硝化	$g - N \cdot m^{-2} \cdot d^{-1}$
磷　成　岩		
$J_{POP,G1}$	G1 类沉积物 POP 的总沉降量	$g - P \cdot m^{-2} \cdot d^{-1}$
$J_{POP,G2}$	G2 类沉积物 POP 的总沉降量	$g - P \cdot m^{-2} \cdot d^{-1}$

名　　称	定　　义	单　位
$J_{POP,G3}$	G3 类沉积物 POP 的总沉降量	$g-P \cdot m^{-2} \cdot d^{-1}$
$PIP \rightarrow PIP_2$	PIP 沉降变成 PIP	$g-P \cdot m^{-2} \cdot d^{-1}$
$POPG1_2 \, burial$	G1 类沉积物 POP 的埋藏	$g-P \cdot m^{-2} \cdot d^{-1}$
$POPG2_2 \, burial$	G2 类沉积物 POP 的埋藏	$g-P \cdot m^{-2} \cdot d^{-1}$
$POPG1_2 \rightarrow DIP_2$	G1 类沉积物 POP 转化为 DIP	$g-P \cdot m^{-2} \cdot d^{-1}$
$POPG2_2 \rightarrow DIP_2$	G2 类沉积物 POP 转化为 DIP	$g-P \cdot m^{-2} \cdot d^{-1}$
$POP_2 \, diagenesis$	沉积物 POP 成岩	$g-P \cdot m^{-2} \cdot d^{-1}$
$DIP_1 \leftrightarrow DIP$	沉积物—水界面 DIP 转化	$g-P \cdot m^{-2} \cdot d^{-1}$
$TIP_1 \rightarrow TIP_2$	来自层 1 的 TIP 埋藏	$g-P \cdot m^{-2} \cdot d^{-1}$
$PIP_2 \leftrightarrow PIP_1$	层 1 和层 2 的 PIP 转化	$g-P \cdot m^{-2} \cdot d^{-1}$
$DIP_2 \leftrightarrow DIP_1$	层 1 和层 2 的 DIP 转化	$g-P \cdot m^{-2} \cdot d^{-1}$
$TIP_2 \, burial$	来自层 2 的 TIP 埋藏	$g-P \cdot m^{-2} \cdot d^{-1}$
硅　成　岩		
J_{BSi}	沉积物 BSi 的总沉降量	$g-Si \cdot m^{-2} \cdot d^{-1}$
$BSi_2 \, burial$	沉积物 BSi 埋藏	$g-Si \cdot m^{-2} \cdot d^{-1}$
$BSi_2 \, dissolution$	沉积物 BSi 溶解	$g-Si \cdot m^{-2} \cdot d^{-1}$
$DSi_1 \leftrightarrow DSi$	沉积物—水界面溶解硅转化	$g-Si \cdot m^{-2} \cdot d^{-1}$
$Si_1 \rightarrow Si_2$	来自层 1 的 Si 埋藏	$g-Si \cdot m^{-2} \cdot d^{-1}$
$PSi_2 \leftrightarrow PSi_1$	层 1 和层 2 的颗粒 Si 转化	$g-Si \cdot m^{-2} \cdot d^{-1}$
$DSi_2 \leftrightarrow DSi_1$	层 1 和层 2 的溶解 Si 转化	$g-Si \cdot m^{-2} \cdot d^{-1}$
$Si_2 \, burial$	来自层 2 的 Si 埋藏	$g-Si \cdot m^{-2} \cdot d^{-1}$
额　外　变　量		
SOD	沉积物需氧量	$mg-O_2 \cdot L \cdot d^{-1}$
w_{12}	生物质扰动引起的沉积物颗粒混合转化速度	$m \cdot d^{-1}$
K_{L12}	层间的溶解物质质量转化速度	$m \cdot d^{-1}$
K_{L01}	沉积物—水界面转化速度	$m \cdot d^{-1}$

第 6 章

水质模块与 HEC – RAS 的耦合

水质模块开发形成若干个 DLL 文件（即温度模块、营养盐模块Ⅰ、营养盐模块Ⅱ），这些模块将被整合到各种水文水动力模型中。水文水动力模型储存空间变量（例如水流输出）的方式以及处理输运项和求解相关差分方程的方法差异很大。本章重点介绍将水质模块耦合到一维 HEC – RAS 的框架。HEC – RAS 用于描述对流扩散物理过程，而水质模块用于量化形态生成、反应和转换过程。本研究开发的模型集成方法和机制同样适用于其他水文水动力模型。

6.1　HEC – RAS 简介

HEC – RAS 是一种全世界通用的行业标准性质的水力学工具。HEC – RAS 可以进行明渠和大量水工建筑物（例如桥、涵洞、溢洪道和堰）的一维水动力模拟。HEC – RAS 系统包括 5 个组成部分：①一维恒定流水面线计算；②一维非恒定流计算；③一维非恒定流计算；④移动边界泥沙输移计算；⑤通过集成水质模块进行水质分析。所有部分均采用共同的几何数据表示方式、几何与水力计算程序。HEC – RAS 的图形用户界面标准化了数据入口的诸多方面，促进了模型结果、数据核查和数据转换的有效展示以及模型子部分之间的衔接。最新版本的 HEC – RAS 可从 HEC 网站（http：//www.hec.usace.army.mil）上免费下载和使用。

有必要首先介绍用于计算水力信息（水质模拟所必需）的基本模型。一维非恒定流采用渐变非恒定流的完整方程（一般称为圣维南方程组）的数值求解。非恒定流的质量和动量控制方程为（HEC，2010b）

$$\frac{\partial A}{\partial t}+\frac{\partial Q}{\partial x}-q_1=0 \tag{6.1a}$$

$$\frac{\partial A}{\partial t}+\frac{\partial Q}{\partial x}+gA\left(\frac{\partial z}{\partial x}+S_f\right)=0 \tag{6.1b}$$

式中：Q 为体积流量；A 为渠道横断面面积；x 为渠道长度；q_1 为单位长度渠道的

侧向入流；z 为水面高程；S_f 为摩阻坡降；g 为重力加速度。

为了求解上述方程组，需要输入的数据包括渠道网络连通性横断面几何形状河段长度、能量损失系数、河流连接信息和水利工程数据。整个河段的典型位置都要求给出横断面，包括流量、坡度、形状以及糙率变化处。系统端点处（也就是上下游）的边界条件必须给出定义流量和水深。侧向入流也在模型中规定。

HEC‐RAS 模型采用 Preissman 二阶箱式格式通过隐式线性方程组求解质量和动量守恒方程。数值格式的状态变量是流量和水位，这些变量计算并储存在每个横断面上。

6.2 模型集成

为了实现水质分析，一维 HEC‐RAS 和 DLLs 插件进行了无缝内部耦合。图 6.1 展示了模型集成的概况。营养盐模块和相应支撑模块定义了标准方程和接口，这使得 HEC‐RAS 可以从每个 DLL 中调用数据。DLL 包含了来自 HEC‐RAS GUI（用户界面）的水质特定参数和水力信息，并计算了每个状态变量的动力学过程。HEC‐RAS 包含了来自水质模块的源汇项，计算了每个单元和每个状态变量的输移和质量平衡方程。要注意，HEC‐RAS 控制着初始和边界条件。DLL 反馈状态变量、衍生变量和过程变量给 HEC‐RAS，以进行模型输出。

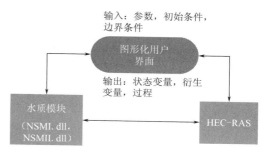

图 6.1 HEC‐RAS 与水质模块耦合

6.2.1 水质组分输移

输入河流的污染物随时空变化。输入可以是点源（例如排污口）或者是分布更广的非点源。污染物可能到达河网表面，并穿过地下。不管污染物来源类型如何，输移和生物化学反应控制着贯穿河网的组分浓度和负荷（流量和浓度的乘积）的时空分布。进一步的，组分输移同时在好几个过程发生。地表水污染的输移过程一般采用对流扩散方程描述，或者做一些适当修改。一维 HEC‐RAS 的组分输移基于增加了入流边界与动力学的对流扩散方程，即

$$\frac{\partial}{\partial t}(VC) = -\frac{\partial}{\partial x}(QC)\Delta x + \frac{\partial}{\partial x}\left(AD_x\frac{\partial c}{\partial x}\right)\Delta x + S_B + S_K \tag{6.2}$$

式中：V 为水质单元的体积，m^3；C 为组分浓度，$g \cdot m^{-3}$；D_x 为离散系数，$m^2 \cdot s^{-1}$；S_B 为代表边界负荷速率的总源汇项，$g \cdot s^{-1}$；S_K 为代表内部速率的总源汇项，$g \cdot s^{-1}$。

方程（6.2）描述了河网中组分的输移。扩散项即方程（6.2）右边的第二项在一维水质模拟中作用较小（Fisher et al. 1979）。有两种选项可以定义扩散系数。第一种，用户可以简单地指定估计值；第二种，基于渠道水力学内部计算。

无论何种状态变量，上述质量平衡关系都是一样的。如果在某个位置存在质量源项，则这个方程要求边界条件，而且必须考虑提到的质量。由于生物反应和沉积物—水相互作用，动力学过程的源汇项会发生变化。这些都可以从水质模块中获取。水质

模块对局部变量值（例如局部温度、光照和浓度）进行操作并返回局部源汇项，这些都无需知道物理位置。NSMI 和 NSM Ⅱ中每个状态变量的源汇项已经在第 3～第 5 章讨论了。

6.2.2　数值求解

对于大多数真实情况，完整方程的解析解是不可能的，因此微分方程（6.2）必须数值求解。图 6.2 展示了一个一维河流分段系统的示意图。每个单元或者分段代表一个控制方程适用的控制体积。每个分段之间通过对流扩散进行热量和质量交换。模型域定义了模型展示的空间限制。

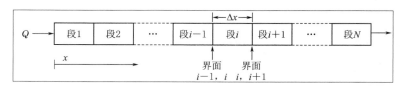

图 6.2　一维分段系统的示意图

控制水生态系统组分行为的对流—扩散—反应耦合方程式（6.2），在概念上分为由水质模块提供的动力学反应部分（也就是源汇项），以及由水动力模块处理的其他部分。其他部分包括输移（对流、扩散），侧向入流和所有边界。更有效地，对流—扩散—反应方程在水动力模块中求解（时间积分），其中动力学反应项由激活的水质模块提供。

微分方程数值求解可以粗略地分为显式和隐式方法。简单地说，显式方法使用当前时间步的因变量值（例如组分浓度），隐式方法采用当前和未来时间步的值。由于精度、效率和稳定性的缘故，HEC - RAS 采用 QUICKEST - ULTIMATE 隐式格式。采用此种格式，式（6.2）近似为

$$
V^{n+1}C^{n+1} = V^n C^n + \Delta t \left(Q_{up} C_{up}^* - Q_{dn} C_{dn}^* + D_{dn} A_{dn} \frac{\partial C^*}{\partial x_{dn}} \right.
$$

$$
\left. - D_{up} A_{up} \frac{\partial C^*}{\partial x_{up}} \right) + \Delta t (S_B + S_K) \tag{6.3}
$$

式中：C^{n+1} 为组分在当前时间步的浓度，$g \cdot m^{-3}$；C^n 为组分在之前时间步的浓度，$g \cdot m^{-3}$；C_{up}^* 为组分在上游处的 QUICKEST 浓度，$g \cdot m^{-3}$；$\dfrac{\partial C^*}{\partial x_{up}}$ 为组分在上游处的 QUICKEST 导数，$g \cdot m^{-4}$；C_{dn}^* 为组分在下游处的 QUICKEST 浓度，$g \cdot m^{-3}$；$\dfrac{\partial C^*}{\partial x_{dn}}$ 为组分在下游处的 QUICKEST 导数，$g \cdot m^{-4}$；D_{up} 为上游断面离散系数，$m^2 \cdot s^{-1}$；V^{n+1} 为当前时间步水质单元的体积，m^3；V^n 为之前时间步水质单元的体积，m^3；Q_{up} 为上游断面流量，$m^3 \cdot s^{-1}$；A_{up} 为上游断面面积，m^2；Q_{dn} 为下游断面流量，$m^3 \cdot s^{-1}$；A_{dn} 为下游断面面积，m^2。

所有的水质模块采用相同的输移格式。NSM - Ⅰ和 NSM - Ⅱ的主要区别是状态变量的个数。HEC - RAS 为每个水质单元和选择的每个状态变量求解方程（6.3）。式（6.3）

控制了水生态系统中组分的行为，式(6.3)概念上分为由水质模块提供的动力学反应部分（也就是源汇项），以及由水动力模块处理的其他部分。其他部分包括输移（对流、扩散），侧向入流和所有边界。更有效地，对流—扩散—反应方程在水动力模块中求解（时间积分），其中动力学反应项由激活的水质模块提供。在每个时间步长，状态变量的导数基于 NSMs 的生物化学过程（就是动力学反应），在每个水质单元上进行计算。执行 NSM 所需的水力信息由 HEC-RAS 提供。式(6.3)的总源汇项的完整计算额外加入了侧向和边界负荷。最后，得到由输移、动力学和外部负荷联合的时间 $t+\Delta t$ 的浓度。

水质模型时间步长是不断计算并调整的，所以能够自动满足 Courant 和 Peclet 的约束条件。水质时间步长在整个模型运行过程中都在变化。自动步进算法估算了最大时间步长以保持计算稳定性。这和水动力模块中用户指定时间步长不同。水质模拟的典型操作是在保持预先定义的模型稳定性限制的同时，选择最大的时间步长以尽可能地缩短计算时间。输移模型时间步长的选择必须满足 Courant 和 Peclet 的约束条件，即

$$C_{us}=u_{us}\frac{\Delta t}{\Delta x}\leqslant 0.9 \tag{6.4a}$$

$$\alpha_{us}=D_{us}\frac{\Delta t}{\Delta x^2}\leqslant 0.4 \tag{6.4b}$$

式中：C_{us} 为 Courant 数；u_{us} 为水质单元表面速度，$m\cdot s^{-1}$；α_{us} 为局部 Peclet 数；D_{us} 为水质单元表面离散系数，$m^2\cdot s^{-1}$。

Courant 数和 Peclet 数是横断面的表面属性。如果水质单元小，则两种限制会强制要求一个短的时间步长。因此，应该避免模型区域出现小的水质单元。式(6.3)的数值求解要求知道水质模块每个状态变量的初始和边界条件。

（1）边界条件。QUICKEST 格式采用三点插值格式估算表面浓度。这就要求格式知道两个上游网格（正向流）和两个下游网格（反向流）的浓度。因此，每个表面需要 4 个网格。对于图 6.2 中展示的一维河网，需要上游和下游边界处的水质边界条件。上游边界条件是模拟期间模拟区域的上游末端的组分浓度。下游边界条件给定的是不变的组分纵向浓度梯度。模型必须提供水流在何处进入和离开模型区域（也就是横穿区域边界）信息。模型提供了线性边界条件给定的两种方法。一种方法是给定水动力边界处的浓度，此时边界处的状态变量浓度是已知的。这种方法要求边界从水动力模块获取水流信息。浓度可能会在任意时间间隔给出。另一种方法是在入流处给定入流负荷（质量/时间）。流量和浓度的乘积就是负荷。该种方法不要求边界处的水动力模块提供的水流信息。一些水质变量最好在入流边界处以浓度形式给出，例如温度和溶解氧。另一些水质变量，例如营养盐，以负荷的形式给出可能会更加方便。

（2）初始条件。上述微分方程也需要模拟开始时刻的开始值或初始条件。这些初始条件可能由模拟区域的温度和组分的简要条件组成。状态变量的初始条件必须在每个水质单元（图 6.2）给出。这些条件只用于模型模拟的启动。初始条件来自测量数据、其他模型模拟或估算数据。沉积成岩状态变量的初始条件可以由沉积成岩模块的稳态解提供。因为

给定的初始浓度往往不能反映系统的真实情况，所以经常采用旋转加速（Thornton and Rosenbloom，2005）的方法来创造准稳态浓度，并将其当作初始条件。

6.3　模型输入与输出

在 HEC - RAS 中运行水质模块，必须已经建立起一个可以工作的水动力模块。一旦水动力模块率定完成，用户便可以打开 HEC - RAS 的水质模块。水质单元最初建立在横断面之间。用户可以调整水质单元以避免出现模型不稳定和模拟时间较长的情况。要注意，模型结果精度往往可以通过以下方面提高：精确的河道形状，基于特定待求解问题设计模型构造，可以捕获水力、热量和水质组分梯度的沿河段计算横断面形状。HEC - RAS 用户界面负责处理数据的输入输出。HEC - RAS 水质模块的输入输出数据的管理如图 6.1 所示。

6.3.1　水质模型输入

水质模型的主要输入包括气象数据，所有入流边界处的水质数据实测值，整个模型河段的水质初始值，以及水质参数。对所有的低速流或者高速流都要求近似时间间隔内的气象和水质数据的完整序列，这些数据序列用于模型开发和率定。此外，需要水质参数的精确测量作为模型系统的控制条件。模型校准需要几类数据的完整序列。适当收集完整的模型数据序列对于确保充分的模型率定是至关重要的。

精确的气象数据是水质模拟的必要部分。这些数据提供了水质方程中的系数的基本信息。由于大气温度和太阳辐射的剧烈波动，水质模型往往要求每小时的气象数据。美国气象局和附近的许多气象站都能提供这些数据。气象数据影响水质过程，应能够反映模拟区域附近的准确情况。一般地，设置在水体附近尤其是出于模拟目的的气象站易于提供更好的结果。全能平衡温度模拟模块需要以下的气象数据：气压、大气温度、露点温度、湿度、太阳短波辐射、云层覆盖和风速。

每日热量和水质动力学的获取需要入流温度和水质信息，用以模型建立和率定。在水流边界和支流入口位置需要收集足够的温度和水质数据。如果模型要模拟更复杂的水质问题，水质模型校准将需要足够数量的数据。

用户可以指定用于描述模型区域生化转化特性的局部水质参数和系数。NSM Ⅰ、NSM Ⅱ 和 NSM Ⅱ - SedFlux 的输入参数已经在前面章节讨论。

6.3.2　水质模型输出

对于输出，HEC - RAS 模型提供了一种机制，可以将水质模型定义的水质组分连同定义的过程和诊断变量，全都包含在输出中。HEC - RAS 水质模型的主要输出包括指定单元的水体状态变量浓度和同样位置的沉积物—水质浓度（如果激活沉积成岩模块）。此外，模型可以输出单个生化过程的水质衍生变量和过程通量。这些值往往是时间序列的，并且（或者）是制成表格形式的。可以定义要求的输出参数、特定位置、时间间隔报告、列集和汇总统计。模型也能生成一个二进制的水质输出文件。可以生成重启输出文件用作后续模型运行的输入文件。

第7章

结　论

　　营养盐的模拟模块用于描述沉积过程中状态变量的物理、化学、生物过程以及状态变量之间的相互作用。新开发的营养盐模拟模块以及它所支撑的水质模块是使用 Windows 平台下的 Fortran 语言编写的，并且打包成动态链接库插件。每个模块必须与可用的水文水动力模型耦合以便开展各种压力源的水质分析。根据用户的需要，它可以作为一个简单的水质模型也可以作为一个复杂的富营养化模型。NSM Ⅰ 中的水质分析方法有更大的灵活性，因为它的每个状态变量都可以开启和关闭。这种方法允许使用最少的模型专业知识和有限数据输入要求进行快速评估。在评估多种藻类群体以及沉积成岩作用对水质的影响方面，NSM Ⅱ 比 NSM Ⅰ 更适用。只要可以满足模型所需要的数据并且有足够的时间来运行数据，那么准确地评估水质的最好方式就是用更先进的模型。

　　本书提供了最新开发的营养盐模拟模块以及它所支撑的水质模块中所使用的数学和编程方程。它描述了水质模块的基础以及它们是如何用公式表达。营养盐模拟模块的科学基础反映了文献中所提到的经验和理论支撑，并且它被广泛地应用在水质模型中。该营养盐模拟模块已经通过各种实例进行了验证，也与其他水质模型进行了比较。比较的结果表明是相似的。对于在水生系统中观测结果与营养盐模拟模块模拟相反的结果正在进行附加的验证。

　　本书中的变量名称与计算机中使用的代码一致，便于数学公式和代码比较，所有模块的计算机代码已通过与描述方程的一致性检查。模块化奠定了所有水质模块灵活性的基础，包括未来能够添加和修改状态变量和过程。该水质模块已经通过前、后处理器集成到 HEC - RAS 中，可以运行并展示和分析结果，本书的主要目的是作为该模块的使用技术参考。

　　目前已计划将水质模块集成到 HEC - RESSim（水文工程中心— 水库系统仿真）和其他水文水动力模型中，将在未来实施。随着环境和生态系统研究的范围和尺度扩大，再加上科学的进步和理解的深入，这些水质模块将通过水质方程和计算机代码修订得到不断完善。

附　　录

TEMP 中 数 学 符 号 定 义

符　号	定　　义	中　文　释　义	单　位
A_s	surface area of the water column	水柱表面积	m^2
a	user defined coefficient on order of 10^{-6}	用户自定义系数,数量级为 10^{-6}	无量纲
b	user defined coefficient on order of 10^{-6}	用户自定义系数,数量级为 10^{-6}	无量纲
c	user defined coefficient on order of one	用户自定义系数,数量级为 1	无量纲
C_p	specific heat capacity of air at constant pressure	恒压下空气比热容	$J \cdot kg^{-1} \cdot ℃^{-1}$
C_{pw}	specific heat capacity of water	水体比热容	$J \cdot kg^{-1} \cdot ℃^{-1}$
C_L	percent sky covered with clouds	云遮挡系数	无量纲
C_{ps}	specific heat capacity of benthic sediments	沉积物比热容	$J \cdot kg^{-1} \cdot ℃^{-1}$
e_s	saturated vapor pressure at water temperature	水面温度下饱和蒸汽压	mb
e_a	vapor pressure of overlying air	上覆大气蒸汽压力	mb
$f(u_w)$	wind function	风函数	$m \cdot s^{-1}$
g	acceleration of gravity ($= 9.806$)	重力加速度($=9.806$)	$m \cdot s^{-2}$
h_2	sediment layer thickness	活性沉积层厚度	m
h_r	local hour angle	太阳时角	rad
K_h/K_w	diffusivity ratio	扩散比	无量纲
K_T	overall heat exchange coefficient	总体热交换系数	$W \cdot m^{-2} \cdot ℃^{-1}$
$k(T)$	kinetic rate at local temperature	局部温度动力学速率	d^{-1}
$k(20)$	measured kinetic rate at 20℃	20℃时测得的动力学速率	d^{-1}
L	latent heat of vaporization	汽化潜热	$J \cdot kg^{-1}$
P	atmospheric pressure	大气压	mb
q_{net}	net heat flux	净热通量	$W \cdot m^{-2}$
q_{sw}	short-wave solar radiation flux	短波辐射净热通量	$W \cdot m^{-2}$
q_{atm}	atmospheric (downwelling) longwave radiation flux	大气长波辐射(沉降流)净热通量	$W \cdot m^{-2}$
q_b	back (upwelling) longwave radiation flux	水面长波辐射(涌升流)净热通量	$W \cdot m^{-2}$
q_h	sensible heat flux	感热通量	$W \cdot m^{-2}$
q_1	latent heat flux	潜热通量	$W \cdot m^{-2}$
q_{sed}	sediment-water heat flux	沉积物—水界面热通量	$W \cdot m^{-2}$
q_0	extraterrestrial radiation	地外辐射	$W \cdot m^{-2}$
Q_0	solar constant ($= 1360$)	太阳常数	$W \cdot m^{-2}$
R_s	reflectivity of the water surface	水面反射率	无量纲

续表

符　号	定　义	中　文　释　义	单　位
R_i	Richardson number	Richardson 数	无量纲
r	normalized radius of the earth's orbit	地球轨道标准化半径	无量纲
t	time	时间	d
T_w	water temperature in Celsius	水温（摄氏温度）	℃
T_{wk}	water temperature in Kelvin	水温（热力学温度）	°K
T_a	air temperature in Celsius	大气温度（摄氏温度）	℃
T_{ak}	air temperature in Kelvin	大气温度（热力学温度）	°K
T_{sed}	sediment temperature	沉积物温度	℃
T_d	dew point temperature	露点温度	℃
T_{eq}	equilibrium temperature	平衡温度	℃
u_w	wind speed measured at a fixed height	水面上一定高度风速	$m \cdot s^{-1}$
u_{w2}	wind speed measured at 2 m	2m 高度风速	$m \cdot s^{-1}$
u_{w7}	wind speed measured at 7 m	7m 高度风速	$m \cdot s^{-1}$
V	volume of the water column cell	水柱体积	m^3
z	station height	测站高度	m
z_0	wind roughness height	风粗糙高度	m
α_s	sediment thermal diffusivity	沉积物热扩散系数	$m^2 d^{-1}$
α_t	atmospheric attenuation	大气衰减系数	无量纲
σ	Stefan-Boltzman constant	Stefan-Boltzman 常数	$W \cdot m^{-20} \cdot K^{-1}$
δ	declination of the sun	太阳赤纬	rad
ϕ	latitude of the site	站点纬度	rad
θ	temperature correction coefficient	温度修正系数	无量纲
ρ_{air}	density of moist air at air temperature	潮湿空气密度（在空气温度下）	$kg \cdot m^{-3}$
ρ_{sat}	density of saturated air at water temperature	饱和空气密度（在水温下）	$kg \cdot m^{-3}$
ρ_s	density of sediments	沉积物密度	$kg \cdot m^{-3}$
ρ_w	density of water	水体密度	$kg \cdot m^{-3}$

附录 B　　　　NSMⅠ中数学符号定义

符　号	定　义	中　文　释　义	单　位
A	site specific parameter for turbidity	区域特定浊度系数	无量纲
A_p	algae（phytoplankton）	藻类（浮游植物）	$\mu g\text{-Chla} \cdot L^{-1}$
A_{pd}	algae（dry weight）	藻类（干重）	$mg\text{-D} \cdot L^{-1}$
A_b	benthic algae biomass	底栖藻类生物量	$g\text{-D} \cdot m^{-2}$
A_c	cross-sectional area	横断面面积	m^2
Alk	alkalinity	碱度	$eq \cdot L^{-1}$

续表

符　号	定　义	中　文　释　义	单　位
AW_d	algal dry weight stoichiometry	藻类干重化学计量	mg-D
AW_c	algal carbon stoichiometry	藻类碳化学计量	mg-C
AW_n	algal nitrogen stoichiometry	藻类氮化学计量	mg-N
AW_p	algal phosphorus stoichiometry	藻类磷化学计量	mg-P
AW_a	algal Chla stoichiometry	藻类叶绿素 a 化学计量	μg-Chla
B	site specific parameter for turbidity	区域特定浊度系数	无量纲
BW_d	benthic algae dry weight stoichiometry	底栖藻类干重化学计量	mg-D
BW_c	benthic algae carbon stoichiometry	底栖藻类碳化学计量	mg-C
BW_n	benthic algae nitrogen stoichiometry	底栖藻类氮化学计量	mg-N
BW_p	benthic algae phosphorus stoichiometry	底栖藻类磷化学计量	mg-P
BW_a	benthic Chla stoichiometry	底栖藻类叶绿素 a 化学计量	μg-Chla
B_t	top width of the channel	河道顶部宽度	m
$CBOD_i$	carbonaceous biochemical oxygen demand	碳化生化需氧量	mg-$O_2 \cdot L^{-1}$
$CBOD_5$	5-day carbonaceous biochemical oxygen demand	五日 CBOD	mg-$O_2 \cdot L^{-1}$
$CBODU$	ultimate carbonaceous biochemical oxygen demand	最终 CBOD	mg-$O_2 \cdot L^{-1}$
$Chlb$	benthic chlorophyll-a	底栖叶绿素 a	mg-Chla $\cdot$ m^{-2}
DIN	dissolved inorganic nitrogen	溶解态无机氮	mg-N $\cdot L^{-1}$
DIP	dissolved inorganic phosphorus	溶解态无机磷	mg-P $\cdot L^{-1}$
DO	dissolved oxygen	溶解氧	mg-$O_2 \cdot L^{-1}$
DO_s	dissolved oxygen saturation	溶解氧饱和度	mg-$O_2 \cdot L^{-1}$
DIC	dissolved inorganic carbon	溶解态无机碳	mol $\cdot L^{-1}$
DOC	dissolved organic carbon	溶解态有机碳	mg-C $\cdot L^{-1}$
f_{com}	fraction of carbon in organic matter	有机物中碳的比例	mg-C mg-D^{-1}
f_{dp}	dissolved fraction of inorganic P	溶解态无机磷	无量纲
f_{pp}	particulate fraction of inorganic P	颗粒态无机磷	无量纲
F_{CO_2}	fraction of CO_2 in total inorganic carbon	CO_2 中 DIC 的比例	无量纲
F_1	preference fraction of algal uptake from NH_4	藻类从 NH_4 中吸收氮的比例因子	无量纲
F_2	preference fraction of benthic algae uptake from NH_4	底栖藻类从 NH_4 中吸收氮的比例因子	无量纲
F_{pocp}	fraction of algal mortality into POC	藻类死亡转化为 POC 的比例	无量纲
F_{pocb}	fraction of benthic algal mortality into POC	底栖藻类死亡转化为 POC 的比例	无量纲
F_w	fraction of benthic algae mortality into the water column	底栖藻类死亡后进入水体的比例	无量纲
F_b	fraction of bottom area available for benthic algae growth	可供底栖藻类生长的底部面积比例	无量纲
FL	light limiting factor for algal growth	藻类生长光照限制因子	无量纲
FN	N limiting factor for algal growth	藻类生长氮限制因子	无量纲

符　号	定　义	中　文　释　义	单　位
FP	P limiting factor for algal growth	藻类生长磷限制因子	无量纲
FL_b	light limiting factor for benthic algae growth	底栖藻类生长光照限制因子	无量纲
FN_b	N limiting factor for benthic algae growth	底栖藻类生长氮限制因子	无量纲
FP_b	P limiting factor for benthic algae growth	底栖藻类生长磷限制因子	无量纲
FS_b	bottom area density limiting factor for benthic algae growth	底栖藻类生长底部空间密度限制因子	无量纲
FL_z	light attenuation factor for algal growth at depth z	水深 z 处的藻类生长光照限制因子	无量纲
I_z	PAR intensity at a depth z below the water surface	水深 z 处的光合有效辐射强度	$W \cdot m^{-2}$
I_0	surface light intensity	水面光照强度	$W \cdot m^{-2}$
h	water depth	水深	m
h_2	sediment layer thickness	沉积层厚度	m
$k_a(T)$	oxygen reaeration rate	复氧速率	d^{-1}
$k_{ah}(T)$	hydraulic oxygen reaeration velocity	水力复氧速度	$m \cdot d^{-1}$
$k_{aw}(T)$	wind oxygen reaeration velocity	风复氧速度	$m \cdot d^{-1}$
$k_{ac}(T)$	CO_2 reaeration rate	CO_2 恢复速率	d^{-1}
$k_{bodi}(T)$	CBOD oxidation rate	CBOD 氧化速率	d^{-1}
$k_{sbodi}(T)$	CBOD sedimentation rate	CBOD 沉积速率	d^{-1}
$k_{rp}(T)$	algal respiration rate	藻类呼吸速率	d^{-1}
$k_{dnit}(T)$	denitrification rate	反硝化速率	d^{-1}
$k_{dp}(T)$	algal mortality rate	藻类死亡速率	d^{-1}
$k_{rb}(T)$	benthic algae base respiration rate	底栖藻类基础呼吸速率	d^{-1}
$k_{db}(T)$	benthic algae mortality rate	底栖藻类死亡速率	d^{-1}
k_{dpo4n}	partition coefficient of inorganic P for solid "n"	第 n 类固体中无机磷分配系数	$L \cdot kg^{-1}$
$k_{pom}(T)$	POM dissolution rate	POM 分解速率	d^{-1}
$k_{pom2}(T)$	sediment POM dissolution rate	沉积 POM 分解速率	d^{-1}
$k_{poc}(T)$	POC hydrolysis rate	POC 水解速率	d^{-1}
$k_{doc}(T)$	DOC oxidation rate	DOC 氧化速率	d^{-1}
$k_{nit}(T)$	nitrification rate	硝化速率	d^{-1}
$k_{on}(T)$	decay rate of organic N to NH_4	有机氮到 NH_4 的降解速率	d^{-1}
$k_{op}(T)$	decay rate of organic P to DIP	有机磷到 DIP 的降解速率	d^{-1}
$k_{dx}(T)$	pathogen death rate	病原体死亡率	d^{-1}
$K_{sOxbodi}$	half saturation oxygen attenuation constant for CBOD oxidation	CBOD 氧化半饱和氧衰减常数	$mg\text{-}O_2 \cdot L^{-1}$
K_{sOxdn}	half-saturation oxygen inhibition constant for denitrification	反硝化作用氧半饱和限制常数	$mg\text{-}O_2 \cdot L^{-1}$
K_{sOxmc}	half saturation oxygen attenuation constant for the DOC oxidation	DOC 氧化的氧半饱和衰减常数	$mg\text{-}O_2 \cdot L^{-1}$

符 号	定 义	中 文 释 义	单 位
$k_H(T)$	Henry's Law constant	Henry 定律常数	$mol \cdot L^{-1} \cdot atm^{-1}$
K_{NR}	oxygen inhibition factor for nitrification	硝化作用氧半饱和限制常数	$mg\text{-}O_2 \cdot L^{-1}$
K_L	light limiting constant for algal growth	藻类生长光照限制常数	$W \cdot m^{-2}$
K_{sN}	half-saturation N limiting constant for algal growth	藻类生长氮半饱和限制常数	$mg\text{-}N \cdot L^{-1}$
K_{sP}	half-saturation P limiting constant for algal growth	藻类生长磷半饱和限制常数	$mg\text{-}P \cdot L^{-1}$
K_{Lb}	light limiting constant for benthic algae growth	底栖藻类生长光照限制常数	$W \cdot m^{-2}$
K_{sNb}	half-saturation N limiting constant for benthic algae	底栖藻类氮半饱和限制常数	$mg\text{-}N \cdot L^{-1}$
K_{sPb}	half-saturation P limiting constant for benthic algae growth	底栖藻类磷半饱和限制常数	$mg\text{-}P \cdot L^{-1}$
K_{sSOD}	half saturation oxygen attenuation constant for SOD	SOD 半饱和衰减常数	$mg\text{-}O_2 \cdot L^{-1}$
K_{Sb}	half-saturation density constant for benthic algae growth	底栖藻类生长密度半饱和常数	$g\text{-}D \cdot m^{-2}$
K_1	first acidity constant	一级酸度常数	$mol \cdot L^{-1}$
K_2	second acidity constant	二级酸度常数	$mol \cdot L^{-1}$
K_w	ion product of water	水的离子积	$(mol \cdot L^{-1})^2$
m_n	inorganic suspended solid "n"	第 n 类无机悬浮物系数	$mg \cdot L^{-1}$
MW_{O_2}	molecular weight of O_2	O_2 分子量	$g \cdot mol^{-1}$
MW_{CO_2}	molecular weight of CO_2	CO_2 分子量	$g \cdot mol^{-1}$
NH_4	ammonium	铵	$mg\text{-}N \cdot L^{-1}$
NO_3	nitrate	硝酸盐氮	$mg\text{-}N \cdot L^{-1}$
$OrgN$	organic nitrogen	有机氮	$mg\text{-}N \cdot L^{-1}$
$OrgP$	organic phosphorous	有机磷	$mg\text{-}P \cdot L^{-1}$
p_{atm}	atmospheric pressure	气压	atm
p_{wv}	partial pressure of water vapor	水汽分压	atm
P_N	NH_4 preference factor for algal growth	藻类生长的 NH_4 偏好因子	无量纲
P_{Nb}	NH_4 preference factor for benthic algae growth	底栖藻类生长的 NH_4 偏好因子	无量纲
POC	particulate organic carbon	颗粒态有机碳	$mg\text{-}C \cdot L^{-1}$
POM	particulate organic matter	颗粒态有机质	$mg\text{-}D \cdot L^{-1}$
POM_2	sediment particulate organic matter	沉积物颗粒态有机质	$mg\text{-}D \cdot L^{-1}$
PX	pathogen	病原体	$cfu\,(100\,mL)^{-1}$
p_{CO_2}	partial pressure of CO_2 in the atmosphere	大气中 CO_2 的分压	ppm
q_{sw}	short-wave solar radiation	短波太阳辐射	$W \cdot m^{-2}$
r_{na}	algal N : Chla ratio	藻类 N 与叶绿素 a 之比	$mg\text{-}N\ \mu g\text{-}Chla^{-1}$
r_{pa}	algal P : Chla ratio	藻类 P 与叶绿素 a 之比	$mg\text{-}P\ \mu g\text{-}Chla^{-1}$
r_{ca}	algal C : Chla ratio	藻类 C 与叶绿素 a 之比	$mg\text{-}C\ \mu g\text{-}Chla^{-1}$

续表

符　号	定　　　　义	中　文　释　义	单　位
r_{cd}	algal C ∶ D ratio	藻类 C 与 D 之比	mg-C mg-D^{-1}
r_{da}	algal D ∶ Chla ratio	藻类 D 与叶绿素 a 之比	mg-D μg-Chla^{-1}
r_{oc}	O_2 ∶ C ratio for oxidation	氧化中 O_2 与 C 之比	mg-O_2 mg-C^{-1}
r_{on}	O_2 ∶ N ratio for nitrification	硝化中 O_2 与 N 之比	mg-O_2 mg-N^{-1}
r_{nb}	benthic algae N ∶ D ratio	底栖藻类 N 与 D 之比	mg-N mg-D^{-1}
r_{pb}	benthic algae P ∶ D ratio	底栖藻类 P 与 D 之比	mg-P mg-D^{-1}
r_{cb}	benthic algae C ∶ D ratio	底栖藻类 C 与 D 之比	mg-C mg-D^{-1}
r_{ab}	benthic Chla ∶ D ratio	底栖叶绿素 a 与 D 之比	μg-Chla mg-D^{-1}
r_{po4}	sediment release rate of DIP	沉积物 DIP 释放速率	g-P · m^{-2} · d^{-1}
r_{nh4}	sediment release rate of NH_4	沉积物 NH_4 释放速率	g-N · m^{-2} · d^{-1}
r_{alkaa}	ratio translating algal growth into Alk if NH_4 is the N source	如果 NH_4 是主要氮来源，藻类生长转化为碱度的比值	eq μg-Chla^{-1}
r_{alkan}	ratio translating algal growth into Alk if NO_3 is the N source	如果 NO_3 是主要氮来源，藻类生长转化为碱度的比值	eq μg-Chla^{-1}
r_{alkn}	ratio translating NH_4 nitrification into Alk	NH_4 硝化作用转化为碱度的比值	eq mg-N^{-1}
r_{alkden}	ratio translating NO_3 denitrification into Alk	NO_3 硝化作用转化为碱度的比值	eq mg-N^{-1}
r_{alkba}	ratio translating benthic algae growth into Alk if NH_4 is the N source	如果 NH_4 是主要氮来源，底栖藻类生长转化为碱度的比值	eq mg-D^{-1}
r_{alkbn}	ratio translating benthic algae growth into Alk if NO_3 is the N source	如果 NO_3 是主要氮来源，底栖藻类生长转化为碱度的比值	eq mg-D^{-1}
R_h	channel hydraulic radius	渠道水力半径	m
sl	channel slope	渠道坡降	无量纲
$SOD(T)$	sediment oxygen demand	沉积物需氧量	g-O_2 · m^{-2} · d^{-1}
T_{wk}	water temperature in Kelvin	水温(热力学温度)	K
TIP	total inorganic phosphorous	总无机磷	mg-P · L^{-1}
TON	total organic nitrogen	总有机氮	mg-N · L^{-1}
TKN	total Kjeldahl nitrogen	总凯氏氮	mg-N · L^{-1}
TN	total nitrogen	总氮	mg-N · L^{-1}
TOP	total organic phosphorus	总有机磷	mg-P · L^{-1}
TP	total phosphorus	总磷	mg-P · L^{-1}
TOC	total organic carbon	总有机碳	mg-C · L^{-1}
TSS	Total suspended solids	总悬浮固体	mg · L^{-1}
u	water velocity	水流速度	m · s^{-1}
v_{son}	organic N settling velocity	有机氮的沉降速度	m · d^{-1}
v_{sop}	organic P settling velocity	有机磷的沉降速度	m · d^{-1}
v_{soc}	POC settling velocity	颗粒态有机碳的沉降速度	m · d^{-1}

符号	定义	中文释义	单位
v_{som}	POM settling velocity	颗粒态有机质的沉降速度	$m \cdot d^{-1}$
v_{sa}	algal settling velocity	藻类沉降速度	$m \cdot d^{-1}$
v_{sp}	solids settling velocity	固体颗粒沉降速度	$m \cdot d^{-1}$
v_{no3}	sediment denitrification transfer velocity	沉积物反硝化速度	$m \cdot d^{-1}$
v_x	pathogen settling velocity	病原体沉降速度	$m \cdot d^{-1}$
z	depth from the water surface	水深(水面下距离水面的距离)	m
CO_3^{2-}	carbonate ion	碳酸根离子	$mol \cdot L^{-1}$
H^+	hydronium ion	水合氢离子	$mol \cdot L^{-1}$
H_2CO_3*	sum of dissolved carbon dioxide and carbonic acid	碳酸氢盐	$mol \cdot L^{-1}$
HCO_3^-	bicarbonate ion	碳酸氢盐阴离子	$mol \cdot L^{-1}$
OH^-	hydroxyl ion	氢氧根离子	$mol \cdot L^{-1}$
α	correction coefficient	修正系数	无量纲
α_{px}	light efficiency factor for pathogen decay	病原体衰减的光效因子	无量纲
$\mu_{mxp}(T)$	maximum algal growth rate	藻类生长速率最大值	d^{-1}
μ_p	algal growth rate	藻类生长速率	d^{-1}
$\mu_{mxb}(T)$	maximum benthic algae growth rate	底栖藻类生长速率最大值	d^{-1}
μ_b	growth rate for benthic algae	底栖藻类生长速率	d^{-1}
λ	light attenuation coefficient	光照衰减系数	m^{-1}
λ_0	background light attenuation	背景光衰减	m^{-1}
λ_s	light attenuation by inorganic suspended solids	由无机悬浮物造成的光照衰减	$L \cdot mg^{-1} \cdot m^{-1}$
λ_m	light attenuation by organic matter	由有机物造成的光照衰减	$L \cdot mg^{-1} \cdot m^{-1}$
λ_1	linear light attenuation by algae	由藻类造成的线性光照衰减	$m^{-1}(\mu g\text{-Chla } L^{-1})^{-1}$
λ_2	nonlinear light attenuation by algae	由藻类造成的非线性光照衰减	$m^{-1}(\mu g\text{-Chla } L^{-1})^{-2/3}$
w_2	sediment burial rate	沉积物埋藏速率	$m \cdot d^{-1}$

附录 C   NSM Ⅱ 中数学符号定义

符号	定义	中文释义	单位
A_{pd}	algae (dry weight)	藻类(干重)	$mg\text{-}D \cdot L^{-1}$
A_{pi}	algae (phytoplankton)	藻类(浮游植物)	$\mu g\text{-Chla} \cdot L^{-1}$
A_b	benthic algae	底栖藻类	$g\text{-}D \cdot m^{-2}$
Alk	alkalinity	碱度	$mg\text{-}CaCO_3 \cdot L^{-1}$
AW_{di}	algal dry weight stoichiometry	藻类干重化学计量	$mg\text{-}D$
AW_{ci}	algal carbon stoichiometry	藻类碳化学计量	$mg\text{-}C$
AW_{ni}	algal nitrogen stoichiometry	藻类氮化学计量	$mg\text{-}N$
AW_{pi}	algal phosphorus stoichiometry	藻类磷化学计量	$mg\text{-}P$

符 号	定 义	中 文 释 义	单 位
AW_{ai}	algal Chla stoichiometry	藻类 Chla 化学计量学	μg-Chla
AW_{si}	algal silica stoichiometry	藻类硅化学计量	mg-Si
BSi	particulate biogenic silica	颗粒态生物硅	mg-Si
BW_d	benthic algae dry weight stoichiometry	底栖藻类干重化学计量	mg-D
BW_c	benthic algae carbon stoichiometry	底栖藻类碳化学计量	mg-C
BW_n	benthic algae nitrogen stoichiometry	底栖藻类氮化学计量	mg-N
BW_p	benthic algae phosphorus stoichiometry	底栖藻类磷化学计量	mg-P
BW_a	benthic Chla stoichiometry	底栖叶绿素a化学计量	μg-Chla
$CBOD_i$	carbonaceous biochemical oxygen demand	碳化生化需氧量	$mg\text{-}O_2 \cdot L^{-1}$
$CBOD_5$	5-day carbonaceous biochemical oxygen demand	五日 CBOD	$mg\text{-}O_2 \cdot L^{-1}$
CH_4	dissolved methane	溶解态甲烷	$mg\text{-}O_2 \cdot L^{-1}$
$Chla$	chlorophyll-a	叶绿素 a	$\mu g\text{-}Chla \cdot L^{-1}$
$Chlb$	benthic chlorophyll-a	底栖叶绿素 a	$mg\text{-}Chla \cdot L^{-2}$
Cl	chloride	氯化物	$mg \cdot L^{-1}$
DIN	dissolved inorganic nitrogen	溶解态无机氮	$mg\text{-}N \cdot L^{-1}$
DIP	dissolved inorganic phosphorus	溶解态无机磷	$mg\text{-}P \cdot L^{-1}$
DO	dissolved oxygen	溶解氧	$mg\text{-}O_2 \cdot L^{-1}$
DO_s	dissolved oxygen saturation	溶解氧饱和度	$mg\text{-}O_2 \cdot L^{-1}$
DOC	dissolved organic carbon	溶解态有机碳	$mg\text{-}C \cdot L^{-1}$
DON	dissolved organic nitrogen	溶解态有机氮	$mg\text{-}N \cdot L^{-1}$
DOP	dissolved organic phosphorus	溶解态有机磷	$mg\text{-}P \cdot L^{-1}$
DIC	dissolved inorganic carbon	溶解态无机碳	$mol \cdot L^{-1}$
DSi	dissolved silica	溶解态硅	mg-Si
f_{com}	fraction of carbon in organic matter	有机物中碳的比例	mg-C mg-D^{-1}
f_{pp}	particulate fraction of inorganic P	颗粒态无机磷	无量纲
F_{rponp}	fraction of algal mortality into RPON	藻类死亡后转化为 RPON 的比例	无量纲
F_{lponp}	fraction of algal mortality into LPON	藻类死亡后转化为 LPON 的比例	无量纲
F_{rpopp}	fraction of algal mortality into RPOP	藻类死亡后转化为 RPOP 的比例	无量纲
F_{lpopp}	fraction of algal mortality into LPOP	藻类死亡后转化为 LPOP 的比例	无量纲
F_{rpocp}	fraction of algal mortality into RPOC	藻类死亡后转化为 RPOC 的比例	无量纲
F_{lpocp}	fraction of algal mortality into LPOC	藻类死亡后转化为 LPOC 的比例	无量纲
F_{rdocp}	fraction of algal mortality into RDOC	藻类死亡后转化为 RDOC 的比例	无量纲
F_{CO_2}	fraction of CO_2 in total inorganic carbon	总无机碳中 CO_2 的比例	无量纲
F_{bsi}	fraction of algal mortality into BSi	藻类死亡后转化为 BSi 的比例	无量纲

符　号	定　　义	中　文　释　义	单　位
F_{rponb}	fraction of benthic algae mortality into RPON	底栖藻类死亡后转化 为 RPON 的比例	无量纲
F_{lponb}	fraction of benthic algae mortality into LPON	底栖藻类死亡后转化 为 LPON 的比例	无量纲
F_{rpopb}	fraction of benthic algae mortality into RPOP	底栖藻类死亡后转化 为 RPOP 的比例	无量纲
F_{lpopb}	fraction of benthic algae mortality into LPOP	底栖藻类死亡后转化 为 LPOP 的比例	无量纲
F_{rpocb}	fraction of benthic algae mortality into RPOC	底栖藻类死亡后转化 为 RPOC 的比例	无量纲
F_{lpocb}	fraction of benthic algae mortality into LPOC	底栖藻类死亡后转化 为 LPOC 的比例	无量纲
F_{rdocb}	fraction of benthic algae mortality into RDOC	底栖藻类死亡后转化 为 RDOC 的比例	无量纲
F_w	fraction of benthic algae mortality into the water column	底栖藻类死亡后进入水体的比例	无量纲
F_b	fraction of bottom area available for benthic algae growth	可供底栖藻类生长的 底部面积比例	无量纲
FL_{pi}	light limiting factor for algal growth	藻类生长的光限制因子	无量纲
FN_{pi}	algal nutrient limiting factor	藻类营养限制因子	无量纲
FT_{pi}	effect of temperature on algal growth	温度对藻类生长的影响因子	无量纲
F_{Oxpi}	oxygen attenuation for algal respiration	藻类呼吸作用氧衰减因子	无量纲
F_{Oxb}	oxygen attenuation for benthic algal respiration	底栖藻类呼吸作用氧衰减因子	无量纲
FL_b	light limiting factor for benthic algae growth	底栖藻类生长的光限制因子	无量纲
FN_b	nutrient limiting factor for benthic algae growth	底栖藻类生长的 N 限制因子	无量纲
FT_b	temperature effect factor on benthic algal growth	底栖藻类生长的温度影响因子	无量纲
FS_b	bottom area density limiting factor for benthic algae growth	底栖藻类生长的面积 密度限制因子	无量纲
FL_z	light limiting factor for algal growth at depth z	水深 z 处的藻类生长的光限制因子	无量纲
I_z	PAR intensity at a depth z below the water surface	水深 z 处的光合有效辐射强度	$W \cdot m^{-2}$
I_0	surface light intensity	水面光照强度	$W \cdot m^{-2}$
h	water depth	水深	m
H_xS	total dissolved sulfides	总溶解态硫化物	$mg\text{-}O_2 \cdot L^{-1}$
H_2S	dissolved hydrogen sulfide	溶解态硫化氢	$mg\text{-}O_2 \cdot L^{-1}$
HS	bisulfide ion	二硫化物	$mg\text{-}O_2 \cdot L^{-1}$
$k_{bodi}(T)$	CBOD oxidation rate	CBOD 氧化速率	d^{-1}
$k_{sbodi}(T)$	CBOD sedimentation rate	CBOD 沉降速率	d^{-1}

续表

符　号	定　　义	中　文　释　义	单　位
$k_{rpi}(T)$	algal respiration rate	藻类呼吸速率	d^{-1}
$k_{dpi}(T)$	algal mortality rate	藻类死亡速率	d^{-1}
$k_{rb}(T)$	benthic algae base respiration rate	底栖藻类基础呼吸速率	d^{-1}
$k_{db}(T)$	benthic algae mortality rate	底栖藻类死亡速率	d^{-1}
k_{dpo4n}	partition coefficient of inorganic P for solid "n"	第 n 类固体的无机磷分配系数	$L \cdot kg^{-1}$
kt_{p1i}	effect of temperature below T_{opi} on algal growth	低于 T_{opi} 温度对藻类生长的影响因子	$℃^{-2}$
kt_{p2i}	effect of temperature above T_{opi} on algal growth	高于 T_{opi} 温度对藻类生长的影响因子	$℃^{-2}$
kt_{b1}	effect of temperature below T_{opi} on benthic algal growth	低于 T_{opi} 温度对底栖藻类生长的影响因子	$℃^{-2}$
kt_{b2}	effect of temperature above T_{opi} on benthic algal growth	高于 T_{opi} 温度对底栖藻类生长的影响因子	$℃^{-2}$
$k_a(T)$	oxygen reaeration rate	复氧速率	d^{-1}
$k_{rpon}(T)$	hydrolysis rate of RPON	RPON 的水解速率	d^{-1}
$k_{lpon}(T)$	hydrolysis rate of LPON	LPON 的水解速率	d^{-1}
$k_{don}(T)$	mineralization rate of DON	DON 的矿化速率	d^{-1}
$k_{hs}(T)$	HS oxidation rate	HS 氧化速率	$L\ mg\text{-}O_2^{-1} \cdot d^{-1}$
$k_{ah2s}(T)$	H_2S reaeration rate	H_2S 再通气速率	d^{-1}
$k_{bsi}(T)$	BSi dissolution rate	BSi 溶解态速率	d^{-1}
$k_{nit}(T)$	nitrification rate	硝化速率	d^{-1}
$k_{dnit}(T)$	denitrification rate	反硝化速率	d^{-1}
$k_{ah}(T)$	hydraulic derived oxygen reaeration rate	水力驱动下复氧速率	d^{-1}
$k_{aw}(T)$	wind derived oxygen reaeration rate	风驱动下的复氧速率	$m \cdot d^{-1}$
$k_{rpop}(T)$	RPOP hydrolysis rate	RPOP 水解速率	d^{-1}
$k_{lpop}(T)$	LPOP hydrolysis rate	LPOP 水解速率	d^{-1}
$k_{dop}(T)$	DOP mineralization rate	DOP 矿化速率	d^{-1}
$k_{rpoc}(T)$	RPOC hydrolysis rate	RPOC 水解速率	d^{-1}
$k_{lpoc}(T)$	LPOC hydrolysis rate	LPOC 水解速率	d^{-1}
$k_{pom}(T)$	POM decay rate	POM 降解速率	d^{-1}
$k_{rdoc}(T)$	RDOC mineralization rate	RDOC 矿化速率	d^{-1}
$k_{ldoc}(T)$	LDOC mineralization rate	LDOC 矿化速率	d^{-1}
$K_H(T)$	Henry's Law constant	Henry 定律常数	$mol \cdot L^{-1} \cdot atm^{-1}$
$k_{ac}(T)$	CO_2 reaeration coefficient	CO_2 恢复速率	d^{-1}
kt_{b1}	effect of temperature below T_{0b} on benthic algal growth	低于 T_{0b} 温度对底栖藻类生长的影响因子	$℃^{-2}$

符　号	定　　义	中　文　释　义	单　位
kt_{b2}	effect of temperature above T_{0b} on benthic algal growth	高于 T_{0b} 温度对底栖藻类生长的影响因子	$℃^{-2}$
K_{Li}	light limiting constant for algal growth	藻类生长光照限制常数	$W \cdot m^{-2}$
K_{sNxpi}	half-saturation NH_4 preference constant for algal uptake	藻类吸收 NH_4 半饱和偏好常数	$mg\text{-}N \cdot L^{-1}$
K_{sOxpi}	half-saturation oxygen attenuation constant for algal respiration	藻类呼吸氧半饱和降解常数	$mg\text{-}O_2 \cdot L^{-1}$
K_{sNpi}	half-saturation N limiting constant for algal growth	藻类生长氮半饱和限制常数	$mg\text{-}N \cdot L^{-1}$
K_{sPpi}	half-saturation P limiting constant for algal growth	藻类生长磷半饱和限制常数	$mg\text{-}P \cdot L^{-1}$
K_{sSipi}	Half-saturation Si limiting constant for algal growth	藻类生长硅半饱和限制常数	$mg\text{-}Si \cdot L^{-1}$
K_{sSi}	Half-saturation Si constant for dissolution	溶解态硅半饱和常数	$mg\text{-}Si \cdot L^{-1}$
K_{sOxmn}	half-saturation oxygen attenuation constant for DON mineralization	DON 矿化氧半饱和降解常数	$mg\text{-}O_2 \cdot L^{-1}$
K_{sOxna}	half-saturation oxygen attenuation constant for nitrification	硝化作用氧半饱和降解常数	$mg\text{-}O_2 \cdot L^{-1}$
K_{sOxdn}	half-saturation oxygen attenuation constant for denitrification	反硝化作用氧半饱和降解常数	$mg\text{-}O_2 \cdot L^{-1}$
K_{sOxmp}	half-saturation oxygen attenuation constant for DOP mineralization	DOP 矿化作用氧半饱和降解常数	$mg\text{-}O_2 \cdot L^{-1}$
K_{sOxmc}	half-saturation oxygen attenuation constant for DOC mineralization	DOC 矿化作用氧半饱和降解常数	$mg\text{-}O_2 \cdot L^{-1}$
K_{sSOD}	half saturation oxygen attenuation constant for SOD	SOD 氧半饱和降解常数	$mg\text{-}O_2 \cdot L^{-1}$
K_{Lb}	light limiting constant for benthic algae growth	底栖藻类生长光照限制常数	$W \cdot m^{-2}$
K_{sOxb}	half-saturation oxygen attenuation coefficient for benthic algae respiration	底栖藻类呼吸作用氧半饱和降解系数	$mg\text{-}O_2 \cdot L^{-1}$
K_{snxb}	half-saturation NH_4 preference constant for benthic algae uptake	底栖藻类吸收 NH_4 半饱和偏好常数	$mg\text{-}N \cdot L^{-1}$
K_{sNb}	half-saturation N limiting constant for benthic algae growth	底栖藻类生长氮半饱和限制常数	$mg\text{-}N \cdot L^{-1}$
K_{sPb}	half-saturation P limiting constant for benthic algae growth	底栖藻类生长磷半饱和限制常数	$mg\text{-}P \cdot L^{-1}$
K_{Sb}	half-saturation density constant for benthic algae growth	底栖藻类生长密度半饱和常数	$g\text{-}D \cdot m^{-2}$
K_{sOhs}	half saturation oxygen attenuation constant for HS oxidation	HS 氧化作用氧半饱和降解常数	$mg\text{-}O_2 \cdot L^{-1}$
$LPON$	labile particulate organic nitrogen	易分解颗粒态有机氮	$mg\text{-}N \cdot L^{-1}$
$LPOP$	labile particulate organic phosphorus	易分解颗粒态有机磷	$mg\text{-}P \cdot L^{-1}$
$LPOC$	labile particulate organic carbon	易分解颗粒态有机碳	$mg\text{-}C \cdot L^{-1}$

符　号	定　义	中　文　释　义	单　位
$LDOC$	labile dissolved organic carbon	易分解溶解态有机碳	mg-C·L^{-1}
m_n	inorganic suspended solid "n"	第 n 类固体	mg·L^{-1}
NH_4	ammonium	铵	mg-N·L^{-1}
NO_3	nitrate	硝酸盐氮	mg-N·L^{-1}
P_{Npi}	preference fraction of algal uptake from NH$_4$	藻类吸收 NH$_4$ 的优先比例	无量纲
P_{Nb}	NH$_4$ preference factor for benthic algae growth	底栖藻类生长的 NH$_4$ 偏好因子	无量纲
p_{CO_2}	partial pressure of CO$_2$ in the atmosphere	大气中二氧化碳的分压	ppm
POC	particulate organic carbon	颗粒态有机碳	mg-C·L^{-1}
POM	particulate organic matter	颗粒态有机物	mg-D·L^{-1}
PX	pathogen	病原体	cfu（100mL）$^{-1}$
$RPON$	refractory particulate organic nitrogen	难溶颗粒态有机氮	mg-N·L^{-1}
$RPOP$	refractory particulate organic phosphorus	难溶颗粒态有机磷	mg-P·L^{-1}
$RPOC$	refractory particulate organic carbon	难溶性颗粒态有机碳	mg-C·L^{-1}
$RDOC$	refractory dissolved organic carbon	难溶性溶解态有机碳	mg-C·L^{-1}
r_{dai}	algal D：Chla ratio	藻类干重与叶绿素 a 之比	mg-D$^{-1}\mu$g-Chla^{-1}
r_{nai}	algal N：Chla ratio	藻类中氮与叶绿素 a 之比	mg-N μg-Chla^{-1}
r_{pai}	algal P：Chla ratio	藻类中磷与叶绿素 a 之比	mg-P μg-Chla^{-1}
r_{cai}	algal C：Chla ratio	藻类中碳与叶绿素 a 之比	mg-C μg-Chla^{-1}
r_{cdi}	algal C：D ratio	藻类中碳与干重之比	mg-C mg-D^{-1}
r_{siai}	algal Si：Chla ratio	藻类中硅与叶绿素 a 之比	mg-Si μg-Chla^{-1}
r_{oc}	O$_2$：C ratio for oxidation	氧化作用中氧气与碳之比	mg-O$_2$ mg-C^{-1}
r_{on}	O$_2$：N ratio for nitrification	硝化作用中氧气与氮之比	mg-O$_2$ mg-N^{-1}
r_{nb}	benthic algae N：D ratio	底栖藻类氮与干重之比	mg-N mg-D^{-1}
r_{pb}	benthic algae P：D ratio	底栖藻类磷与干重之比	mg-P mg-D^{-1}
r_{cb}	benthic algae C：D ratio	底栖藻类碳与干重之比	mg-C mg-D^{-1}
r_{ab}	benthic Chla：D ratio	底栖叶绿素 a 与干重之比	μg-Chla mg-D^{-1}
r_{ccai}	algal mol-C：Chla ratio	藻类碳与叶绿素 a 之比	mol-C μg-Chla^{-1}
r_{ccb}	benthic algae mol-C：D ratio	底栖藻类碳与干重之比	mol-C mg-D^{-1}
r_{alkaai}	ratio translating algal growth into Alk if NH$_4$ is the N source	当 NH$_4$ 为氮源时，将藻类生长转化为 Alk 的比值	eq μg-Chla^{-1}
r_{alkani}	ratio translating algal growth into Alk y if NO$_3$ is the N source	当 NO$_3$ 为氮源时，将藻类生长转化为 Alk 的比值	eq μg-Chla^{-1}
r_{alkn}	ratio translating NH$_4$ nitrification into Alk	NH$_4$ 硝化转化为 Alk 的比值	eq mg-N^{-1}
r_{alkden}	ratio translating NO$_3$ denitrification into Alk	NO$_3$ 反硝化转化为 Alk 的比值	eq mg-N^{-1}
r_{alkba}	ratio translating benthic algae growth into Alk if NH$_4$ is the N source	当 NH$_4$ 为氮源时，将底栖藻类生长转化为 Alk 的比值	eq mg-D^{-1}

符　号	定　义	中　文　释　义	单　位
r_{alkbn}	ratio translating benthic algae growth into Alk if NO_3 is the N source	当 NO_3 为氮源时，将底栖藻类生长转化为 Alk 的比值	eq mg-D^{-1}
r_{po4}	sediment release rate of DIP	沉积物中 DIP 的释放率	g-P・m^{-2}・d^{-1}
r_{nh4}	sediment release rate of NH_4	沉积物中 NH_4 的释放率	g-N・m^{-2}・d^{-1}
r_{si}	sediment release rate of DSi	沉积物中 DSi 的释放率	g-Si・m^{-2}・d^{-1}
r_{h2s}	sediment release rate of H_2S	沉积物中 H_2S 的释放率	g-O_2・m^{-2}・d^{-1}
Si_s	Si saturation	硅的饱和度	mg-Si・L^{-1}
$Salt$	salinity	盐度	ppt
$SOD(T)$	sediment oxygen demand	沉积物需氧量	g-O_2・m^{-2}・d^{-1}
T_{wk}	water temperature in Kelvin	水温（热力学温度）	°K
T_{opi}	optimal temperature for algal growth	藻类生长的最佳温度	℃
T_{ob}	optimal temperature for benthic algal growth	底栖藻类生长的最佳温度	℃
TIP	total inorganic phosphorous	总无机磷	mg-P・L^{-1}
TON	total organic nitrogen	总有机氮	mg-N・L^{-1}
TKN	total Kjeldahl nitrogen	总凯氏氮	mg-N・L^{-1}
TN	total nitrogen	总氮	mg-N・L^{-1}
TOP	total organic phosphorus	总有机磷	mg-P・L^{-1}
TP	total phosphorus	总磷	mg-P・L^{-1}
TOC	total organic carbon	总有机碳	mg-C・L^{-1}
TSS	total suspended solids	总悬浮固体	mg・L^{-1}
u_{w10}	wind speed measured at 10 m above the water surface	在水面以上 10m 处测得的风速	m・s^{-1}
v_{sai}	algal settling velocity	藻类沉降速度	m・d^{-1}
v_{spi}	solids settling velocity	固体颗粒沉降速度	m・d^{-1}
v_{sr}	refractory particulate organic matter settling velocity	难溶性颗粒态有机物沉降速度	m・d^{-1}
v_{sl}	labile particulate organic matter settling velocity	易分解颗粒态有机物沉降速度	m・d^{-1}
v_{bsi}	BSi settling velocity	BSi 沉降速度	m・d^{-1}
v_{no3}	sediment denitrification transfer velocity	沉积物反硝化转化速度	m・d^{-1}
μ_{mxpi}	maximum algal growth rate	藻类最大生长速率	d^{-1}
$\mu_{pi}(T)$	algal growth rate	藻类生长速率	d^{-1}
μ_{mxb}	maximum benthic algae growth rate	底栖藻类最大生长速率	d^{-1}
μ_b	growth rate for benthic algae	底栖藻类生长速率	d^{-1}
λ	light attenuation coefficient	光照衰减系数	m^{-1}
λ_0	background light attenuation	背景光衰减	m^{-1}
λ_s	light attenuation by suspended solids	由悬浮物造成的光照衰减	L・mg^{-1}・m^{-1}
λ_m	light attenuation by organic matter	由有机物造成的光照衰减	L・mg^{-1}・m^{-1}

续表

符　号	定　义	中　文　释　义	单　位
λ_1	linear light attenuation by algae	由藻类造成的线性光照衰减	$m^{-1}(\mu g\text{-Chla } L^{-1})^{-1}$
λ_2	nonlinear light attenuation by algae	由藻类造成的非线性光照衰减	$m^{-1}(\mu g\text{-Chla } L^{-1})^{-2/3}$

附录 D　　　　　　沉积成岩模块中数学符号定义

符　号	定　义	中　文　释　义	单　位
a_{11}	matrix coefficient	矩阵系数	无量纲
a_{12}	matrix coefficient	矩阵系数	无量纲
a_{21}	matrix coefficient	矩阵系数	无量纲
a_{22}	matrix coefficient	矩阵系数	无量纲
b_1	matrix coefficient	矩阵系数	无量纲
b_2	matrix coefficient	矩阵系数	无量纲
BSi	particulate biogenic silica	颗粒态生物硅	$mg\text{-Si } L^{-1}$
BSi_2	sediment particulate biogenic silica	沉积物颗粒态生物硅	$mg\text{-Si } L^{-1}$
C_{ssi}	solids concentration in sediment layer i	沉积物层 i 中的固体浓度	$kg\ L^{-1}$
CH_{4i}	methane in sediment layer i	沉积物层 i 中的甲烷浓度	$mg\text{-O}_2\ L^{-1}$
CH_{4s}	methane saturation	饱和甲烷浓度	$mg\text{-O}_2\ L^{-1}$
$CSOD$	carbonaceous SOD	碳化 SOD	$g\text{-O}_2\ m^{-2}\cdot d^{-1}$
$CSOD_{max}$	maximum CSOD	最大 CSOD	$g\text{-O}_2\ m^{-2}\cdot d^{-1}$
$CSOD_{CH_4}$	SOD generated by CH_4 oxidation	甲烷氧化生成的 SOD	$g\text{-O}_2\ m^{-2}\cdot d^{-1}$
DIC_i	dissolved inorganic carbon in sediment layer i	沉积物层 i 中的溶解态无机碳	$M\text{-C } L^{-1}$
DIP_i	dissolved inorganic P in sediment layer i	沉积物层 i 中的溶解态无机磷	$mg\text{-P } L^{-1}$
DSi_i	dissolved silica in sediment layer i	沉积物层 i 中的溶解态硅	$mg\text{-Si } L^{-1}$
DO_c	critical oxygen for incremental inorganic P partition	临界氧浓度	$mg\text{-O}_2\ L^{-1}$
$Dd(T)$	sediment pore-water diffusion coefficient	沉积物中孔隙水扩散系数	$m^2\cdot d^{-1}$
$Dp(T)$	sediment particle phase mixing diffusion coefficient	沉积物中颗粒物混合表面扩散系数	$m^2\cdot d^{-1}$
f_{com}	fraction of carbon in organic matter	有机质中的碳部分	$mg\text{-C } mg\text{-D}^{-1}$
f_{dpi}	dissolved fraction of inorganic P in sediment layer i	沉积物层 i 中的溶解态无机磷部分	无量纲
f_{ppi}	particulate fraction of inorganic P in sediment layer i	沉积物层 i 中的颗粒态无机磷部分	无量纲
f_{dhi}	dissolved fraction of H_2S in sediment layer i	沉积物层 i 中的硫化氢的溶解部分	无量纲
f_{phi}	particulate fraction of H_2S in sediment layer i	沉积物层 i 中的硫化氢的颗粒部分	无量纲
f_{dsii}	dissolved fraction of Si in sediment layer i	沉积物层 i 中的硅的溶解部分	无量纲
f_{psii}	particulate fraction of Si in sediment layer i	沉积物层 i 中的硅的颗粒部分	无量纲
F_{Oxna1}	oxygen attenuation factor for sediment nitrification	沉积物硝化的氧气衰减因子	无量纲
F_{Oxch1}	oxygen attenuation factor for sediment CH_4 oxidation	沉积物甲烷氧化的氧气衰减因子	无量纲
F_{RPON1}	fraction of RPON deposit to sediment PON G1	RPON 沉降为 G1 类沉积物 PON 的比例	无量纲

符 号	定 义	中 文 释 义	单 位
F_{RPON2}	fraction of RPON deposit to sediment PON G2	RPON 沉降为 G2 类沉积物 PON 的比例	无量纲
F_{RPOP1}	fraction of RPOP deposit to sediment POP G1	RPOP 沉降为 G1 类沉积物 POP 的比例	无量纲
F_{RPOP2}	fraction of RPOP deposit to sediment POP G2	RPOP 沉降为 G2 类沉积物 POP 的比例	无量纲
F_{RPOC1}	fraction of RPOC deposit to sediment POC G1	RPOC 沉降为 G1 类沉积物 POC 的比例	无量纲
F_{RPOC2}	fraction of RPOC deposit to sediment POC G2	RPOC 沉降为 G2 类沉积物 POC 的比例	无量纲
F_{AP1}	fraction of algae deposit to sediment G1	藻类沉降为 G1 类沉积物的比例	无量纲
F_{AP2}	fraction of algae deposit to sediment G2	藻类沉降为 G2 类沉积物的比例	无量纲
F_{AB1}	fraction of dead benthic algae to sediment G1	底栖藻类死亡沉降为 G1 类沉积物的比例	无量纲
F_{AB2}	fraction of dead benthic algae to sediment G2	底栖藻类死亡沉降为 G2 类沉积物的比例	无量纲
h	overlying water depth	上覆水水深	m
h_2	sediment layer thickness	沉积物层厚	m
h_{so4}	thickness of sediment SO_4 penetration	沉积物 SO_4 渗透厚度	m
H_2S_i	dissolved hydrogen sulfide in sediment layer i	沉积物层 i 中的溶解态硫化氢	$mg\text{-}O_2 L^{-1}$
J_{BSi}	total deposition to sediment BSi	沉积物 BSi 的总沉降量	$g\text{-}Si \cdot m^{-2} \cdot d^{-1}$
$J_{POC.G1}$	total deposition to sediment POC G1	G1 类沉积物 POC 的总沉降量	$g\text{-}C \cdot m^{-2} \cdot d^{-1}$
$J_{POC.G2}$	total deposition to sediment POC G2	G2 类沉积物 POC 的总沉降量	$g\text{-}C \cdot m^{-2} \cdot d^{-1}$
$J_{POC.G3}$	total deposition to sediment POC G3	G3 类沉积物 POC 的总沉降量	$g\text{-}C \cdot m^{-2} \cdot d^{-1}$
$J_{PON.G1}$	total deposition to sediment PON G1	G1 类沉积物 PON 的总沉降量	$g\text{-}N \cdot m^{-2} \cdot d^{-1}$
$J_{PON.G2}$	total deposition to sediment PON G2	G2 类沉积物 PON 的总沉降量	$g\text{-}N \cdot m^{-2} \cdot d^{-1}$
$J_{PON.G3}$	total deposition to sediment PON G3	G3 类沉积物 PON 的总沉降量	$g\text{-}N \cdot m^{-2} \cdot d^{-1}$
$J_{POP.G1}$	total deposition to sediment POP G1	G1 类沉积物 POP 的总沉降量	$g\text{-}P \cdot m^{-2} \cdot d^{-1}$
$J_{POP.G2}$	total deposition to sediment POP G2	G2 类沉积物 POP 的总沉降量	$g\text{-}P \cdot m^{-2} \cdot d^{-1}$
$J_{POP.G3}$	total deposition to sediment POP G3	G3 类沉积物 POP 的总沉降量	$g\text{-}P \cdot m^{-2} \cdot d^{-1}$
$J_{C.G1}$	sediment POC G1 diagenesis flux	G1 沉积物 POC 的沉积通量	$g\text{-}C \cdot m^{-2} \cdot d^{-1}$
$J_{C.G2}$	sediment POC G2 diagenesis flux	G2 类沉积物 POC 的沉积通量	$g\text{-}C \cdot m^{-2} \cdot d^{-1}$
J_C	sediment POC diagenesis flux	沉积物 POC 的沉积通量	$g\text{-}C \cdot m^{-2} \cdot d^{-1}$
J_{Cc}	total sediment POC diagenesis flux corrected for denitrification	总沉积物 POC 的沉积通量的反硝化校正	$g\text{-}O \cdot m^{-2} \cdot d^{-1}$
$J_{C.CH4}$	sediment POC diagenesis into CH_4	沉积物 POC 成岩变成甲烷	$g\text{-}O_2 \cdot m^{-2} \cdot d^{-1}$
$J_{C.H2S}$	sediment POC diagenesis into H_2S	沉积物 POC 成岩变化硫化氢	$g\text{-}O_2 \cdot m^{-2} \cdot d^{-1}$

符　号	定　　义	中　文　释　义	单　位
$J_{N,G1}$	sediment PON G1 diagenesis flux	G1 类沉积物 PON 的沉积通量	$g\text{-}N \cdot m^{-2} \cdot d^{-1}$
$J_{N,G2}$	sediment PON G2 diagenesis flux	G2 类沉积物 PON 的沉积通量	$g\text{-}N \cdot m^{-2} \cdot d^{-1}$
J_N	sediment PON diagenesis flux	沉积物 PON 的沉积通量	$g\text{-}N \cdot m^{-2} \cdot d^{-1}$
$J_{P,G1}$	sediment POP G1 diagenesis flux	G1 类沉积物 POP 的沉积通量	$g\text{-}P \cdot m^{-2} \cdot d^{-1}$
$J_{P,G2}$	sediment POP G2 diagenesis flux	G2 类沉积物 POP 的沉积通量	$g\text{-}P \cdot m^{-2} \cdot d^{-1}$
J_P	sediment POP diagenesis flux	沉积物 POP 的沉积通量	$g\text{-}P \cdot m^{-2} \cdot d^{-1}$
J_{Si}	sediment BSi dissolution	沉积物 BSi 溶解	$g\text{-}Si \cdot m^{-2} \cdot d^{-1}$
$k_{bsi2}(T)$	sediment BSi dissolution rate	沉积物 BSi 溶解率	d^{-1}
k_{dnh4i}	partition coefficient of NH_4 in sediment layer i	沉积物层 i 中 NH_4 的分配系数	$L \cdot kg^{-1}$
k_{dh2si}	partition coefficient of H_2S in sediment layer i	沉积物层 i 中硫化氢的分配系数	$L \cdot kg^{-1}$
k_{dpo4i}	partition coefficient of inorganic P in sediment layer i	沉积物层 i 中无机磷的分配系数	$L \cdot kg^{-1}$
k_{dsii}	partition coefficient of Si in sediment layer i	沉积物层 i 中硅的分配系数	$L \cdot kg^{-1}$
k_{di}	partition coefficient in sediment layer i	沉积物层 i 的分配系数	$L \cdot kg^{-1}$
k_{st}	decay rate for benthic stress	累积底栖应力的一阶段衰减速率	d^{-1}
K_{L01}	sediment-water mass transfer velocity	沉积物—水界面质量转化速度	$m \cdot d^{-1}$
K_{L12}	dissolved mass transfer velocity between sediment layers	层间的溶解物质质量转化速度	$m \cdot d^{-1}$
$K_{L12,SO4}$	sediment sulfate specific mass-transfer velocity	沉积物硫酸盐指定质量转化速度	$m \cdot d^{-1}$
K_{sOxch}	half-saturation oxygen constant for sediment CH_4 oxidation	沉积物 CH_4 氧化的半饱和氧气常数	$mg\text{-}O_2 \cdot L^{-1}$
K_{sOxna1}	half-saturation oxygen constant for sediment nitrification	沉积物硝化的半饱和氧气常数	$mg\text{-}O_2 \cdot L^{-1}$
K_{sNh4}	half-saturation NH_4 constant for sediment nitrification	沉积物硝化的半饱和 NH_4 常数	$mg\text{-}N \cdot L^{-1}$
K_{sOxpm}	half-saturation oxygen constant for sediment particle phase mixing	沉积物颗粒相混合的半饱和氧气常数	$mg\text{-}O_2 \cdot L^{-1}$
$K_{PONG1}(T)$	sediment PON G1 diagenesis rate	G1 类沉积物 PON 的成岩速率	d^{-1}
$K_{PONG2}(T)$	sediment PON G2 diagenesis rate	G2 类沉积物 PON 的成岩速率	d^{-1}
$K_{POPG1}(T)$	sediment POP G1 diagenesis rate	G1 类沉积物 POP 的成岩速率	d^{-1}
$K_{POPG2}(T)$	sediment POP G2 diagenesis rate	G2 类沉积物 POP 的成岩速率	d^{-1}
$K_{POCG1}(T)$	sediment POC G1 diagenesis rate	G1 类沉积物 POC 的成岩速率	d^{-1}
$K_{POCG2}(T)$	sediment POC G2 diagenesis rate	G2 类沉积物 POC 的成岩速率	d^{-1}
K_{sDp}	half-saturation oxygen constant for sediment particle mixing	沉积物中氧颗粒物相混合的半饱和常数	$mg\text{-}O_2 \cdot L^{-1}$
K_{sSi}	half-saturation Si constant for dissolution	溶解态硅半饱和常数	$mg\text{-}Si \cdot L^{-1}$
K_{sSO4}	SO_4 half-saturation constant for SO_4 reduction	还原反应中 SO_4 的半饱和常数	$g\text{-}O_2 \cdot m^{-3}$

符　号	定　　义	中　文　释　义	单　位
k_{Sh2s}	H$_2$S oxidation normalization constant	硫化氢氧化归一化常数	g-O$_2 \cdot$ m^{-3}
NO_{3i}	nitrate in sediment layer i	沉积物层 i 中的硝酸盐氮	mg-N $\cdot$ L^{-1}
NH_{4i}	ammonium in sediment layer i	沉积物层 i 中的铵	mg-N $\cdot$ L^{-1}
$NSOD$	nitrogenous SOD	氮化 SOD	g-O$_2 \cdot$ m$^{-2} \cdot$ d^{-1}
POM_2	sediment particulate organic matter	沉积物颗粒态有机质	mg-D $\cdot$ L^{-1}
$POC_{Gi,2}$	sediment particulate organic carbon Gi	Gi 类沉积物颗粒态有机碳	mg-C $\cdot$ L^{-1}
POC_2	sediment total particulate organic carbon	沉积物总颗粒态有机碳	mg-C $\cdot$ L^{-1}
POC_r	reference POC$_{G1}$ for sediment particle phase mixing	参考 POC$_{G1}$ 进行沉积物中颗粒混合	mg-C $\cdot$ g^{-1}
$PON_{Gi,2}$	sediment particulate organic nitrogen Gi	Gi 类沉积物颗粒态有机氮	mg-N $\cdot$ L^{-1}
PON_2	sediment total particulate organic nitrogen	沉积物总颗粒态有机氮	mg-N $\cdot$ L^{-1}
$POP_{Gi,2}$	sediment particulate organic phosphorous Gi	Gi 类沉积物颗粒态有机磷	mg-P $\cdot$ L^{-1}
POP_2	sediment total particulate organic phosphorous	沉积物总颗粒态有机磷	mg-P $\cdot$ L^{-1}
r_{on}	O$_2$: N ratio for nitrification	硝化中氧气与氮之比	g-O$_2 \cdot$ g-N^{-1}
SO_4	freshwater sulfate	淡水硫酸盐	mg-O$_2 \cdot$ L^{-1}
Si_i	total silica in sediment layer i	沉积物层 i 中的总硅	mg-Si $\cdot$ L^{-1}
Si_s	Si saturation	硅的饱和度	mg-Si $\cdot$ L^{-1}
SO_{4i}	sulfate in sediment layer i	沉积物层 i 中的硫酸盐	mg-O$_2 \cdot$ L^{-1}
ST	sediment benthic stress	沉积物底栖应力	d
TH_2S_i	total sulfide in sediment layer i	沉积物层 i 中的总硫化物	mg-O$_2 \cdot$ L^{-1}
TNH_{4i}	total ammonium in sediment layer i	沉积物层 i 中的总铵	mg-N $\cdot$ L^{-1}
TIP_i	total inorganic phosphorous in sediment layer i	沉积物层 i 中的总无机磷	mg-P $\cdot$ L^{-1}
$v_{nh4,1}(20)$	sediment layer 1 nitrification transfer velocity at 20℃	沉积物层 1 在 20℃ 下的硝化反应速度	m $\cdot$ d^{-1}
$v_{nh4,1}(T)$	sediment layer 1 nitrification transfer velocity	沉积物层 1 硝化反应速度	m $\cdot$ d^{-1}
$v_{no3,1}(20)$	sediment layer 1 denitrification transfer velocity at 20℃	沉积物层 1 在 20℃ 下的反硝化反应速度	m $\cdot$ d^{-1}
$v_{no3,1}(T)$	sediment layer 1 denitrification transfer velocity	沉积物层 1 反硝化反应速度	m $\cdot$ d^{-1}
$v_{ch4,1}(20)$	sediment layer 1 CH$_4$ oxidation transfer velocity at 20℃	沉积物层 1 在 20℃ 下的甲烷氧化速度	m $\cdot$ d^{-1}
$v_{ch4,1}(T)$	sediment layer 1 CH$_4$ oxidation transfer velocity	沉积物层 1 的甲烷氧化速度	m $\cdot$ d^{-1}
$v_{h2s,d}(20)$	sediment layer 1 H$_2$S dissolved oxidation transfer velocity at 20℃	沉积物层 1 在 20℃ 下的溶解态硫化氢氧化速度	m $\cdot$ d^{-1}
$v_{h2s,d}(T)$	sediment layer 1 H$_2$S dissolved oxidation transfer velocity	沉积物层 1 的溶解态硫化氢氧化速度	m $\cdot$ d^{-1}
$v_{h2s,p}(20)$	sediment layer 1 H$_2$S particulate oxidation transfer velocity at 20℃	沉积物层 1 在 20℃ 下的颗粒态硫化氢氧化速度	m $\cdot$ d^{-1}

续表

符　号	定　义	中文释义	单　位
$v_{h2s,p}(T)$	sediment layer 1 H$_2$S particulate oxidation transfer velocity	沉积物层 1 的颗粒态硫化氢氧化速度	m·d^{-1}
$v_{no3,2}(20)$	sediment layer 2 denitrification transfer velocity at 20℃	沉积物层在 20℃下的反硝化速度	m·d^{-1}
$v_{no3,2}(T)$	sediment layer 2 denitrification transfer velocity	沉积物层 2 的反硝化速度	m·d^{-1}
w_2	sediment burial rate	沉积物埋藏速率	m·d^{-1}
ω_{12}	sediment particle phase mixing transfer velocity due to bioturbation	生物扰动引起的沉积物颗粒混合转化速度	m·d^{-1}
Δk_{PO41}	incremental partition coefficient of sediment inorganic P	沉积物无机磷分配系数的增量	无量纲
Δk_{Si1}	incremental partition coefficient of sediment Si	沉积物硅分配系数的增量	无量纲

参 考 文 献

Andrews, F. A. , and G. M. Rodvey. 1980. Heat exchange between water and tidal flats. Dtsch. Gewaes-serkd. Mitt. 24 (2) .

American Public Health Association, Inc. (APHA) .1992. Standard methods for the examination of water and wastewater. 18th ed. Washington, DC: American Public Health Association.

Baird, M. E. 2010. Limits to prediction in a size-resolved pelagic ecosystem model. Journal of Plankton Research 32 (8): 1131 – 46.

Baly, E. C. C. 1935. The Kinetics of photosynthesis. Proceedings of the Royal Society of London, Series B 117: 218 – 239.

Banks, R. B. , and F. F. Herrera. 1977. Effect of wind and rain on surface reaeration. Journal of Environmental Engineering Division 103(EE3): 489 – 504.

Berman, T. , and D. A. Bronk. 2003. Dissolved organic nitrogen: a dynamic participant in aquatic ecosystems. Aquatic Microbial Ecology 31: 273 – 305.

Berner R. A. 1980. Early diagenesis: a theoretical approach. Princeton University Press, Princeton, NJ.

Bienfang, P. K. , P . J. Harrison, and L. M. Quarmby. 1982. Sinking rate response to depletion of nitrate, phosphate, and silicate in four marine diatoms. Marine Biology 67: 295 – 302.

Bowie, G. L. , B. M. Williams, D. B. Porcella, C. L. Campbell, J. R. Pagenkopf, G. L. Rupp, K. M. Johnson, P. W. H. Chen, and S. A. Gherini. 1985. Rates, constants and kinetics formulations in surface water quality. EPA/600/3 – 85/040. Athens, GA: U. S. Environmental Protection Agency.

Brown, L. C. , and T. O. Barnwell. 1987. The enhanced stream water quality models QUAL2E and QUAL2E-UNCAS. EPA/600/3-87-007. Athens, GA: U. S. Environmental Protection Agency.

Brown, L. C. 2002. Addendum to the enhanced stream water quality models QUAL2E and QUAL2E-UNCAS. EPA/600/3-87-007. Medford, MA: Tufts University.

Butts, T. A. , and R. L. Evans. 1978. Sediment oxygen demand studies of selected northeastern Illinois streams. Illinois State Water Survey Circular 129. Urbana, IL: State of Illinois, Department of Registration and Education.

Carpenter, S. R. , J. J. Cole, J. F. Kitchell, andM. L. Pace. 1998. Impact of dissolved organic carbon, phosphorus, and grazing on phytoplankton biomass and production in experimental lakes. Limnology and Oceanography 43: 73 – 80.

Carslaw, H. S. , and J. C. Jaeger. 1959. Conduction of heat in solids. Oxford, UK: Oxford Press.

Cascallar, L. P. , P. Mastranduono, P. Mosto, M. Rheinfeld, J. Santiago, C. Tsoukalis, and S. Wallace. 2003. Periphytic algae as bioindicators of nitrogen inputs in lakes. Journal of Psycology 39(1): 7 – 8.

Cerco, C. , and T. Cole. 1993. Three-dimensional eutrophication model of Chesapeake Bay. Journal of Environmental Engineering 119(6): 1006 – 1025.

Cerco, C. F. , M. R. Noel, and S. C. Kim. 2004. Three-dimensional eutrophication model of Lake Washington, Washington State. ERDC/EL TR-04-12. Vicksburg, MS: U. S. Army Engineer Research and Development Center.

Chapra, S. C. 1997. Surface water quality modeling. New York, NY: McGraw-Hill.

Chapra, S. C. 1999. Organic carbon and surface water quality modeling. Progress in Environmental Science

1(1): 49 - 70.

Chapra S. C. , and R. P. Canale. 2006. Numerical methods for engineers. 5th Ed. New York, NY: McGraw-Hill.

Chapra, S. C. , and G. J. Pelletier, and H. Tao. 2008. QUAL2K: A modeling framework for simulating river and stream water quality, Version 2. 11: Documentation and users manual. Medford, MA: Tufts University, Civil and Environmental Engineering Department.

Chen, K. Y. , and J. C. Morris. 1972. Kinetics of oxidation of aqueous sulfide by O_2. Environmental Science and Technology 6(6): 529 - 537.

Chiaro, P. S. , and D. A. Burke. 1980. Sediment oxygen demand and nutrient release. Journal of the Environmental Engineering Division 106: 177 - 195.

Chow, V. T. , D. R. Maidment, and L. W. Mays. 1988. Applied hydrology. New York, NY: McGraw-Hill.

Churchill, M. A. , H. L. Elmore, and R. A. Buckingham. 1962. The prediction of stream reaeration rates. Journal of the Sanitary Engineering Division 88(4): 1 - 46.

Cole, T. M. , and S. A. Wells. 2008. CE-QUAL-W - 2: A two-dimensional, laterally averaged, hydrodynamic and water quality model, Version 3. 6. Instruction Report EL-08-1. Vicksburg, MS: U. S. Army Engineering and Research Development Center.

Conley D. J. , and S. S. Kilham. 1989. Differences in silica content between marine and freshwater diatoms. Limnology and Oceanography 34: 205 - 13.

Connolly, J. P. , and R. B. Coffin. 1995. Model of carbon cycling in planktonic food webs. Journal of Environmental Engineering 121(10): 682 - 690.

Correll, D. L. 1998. The role of phosphorus in the eutrophication of receiving waters: A review. Journal of Environmental Quality 27: 261 - 267.

Deas, M. L. and C. L. Lowney. 2000. Water temperature modeling review. Central Vally, CA.

Diaz, R. J. and R. Rosenberg. 1995. Marine benthic hypoxia: a review of its ecological effects and the behavioral responses of benthic macrofauna. Oceanography and Marine Biology, An Annual Review 33: 245-303.

Di Toro, D. M. 1976. Combining chemical equilibrium and phytoplankton models—A general methodology. Modeling Biochemical Processes in Aquatic Ecosystems, ed. R. P. Canale, 224 - 243. Ann Arbor, MI: Ann Arbor Science.

Di Toro, D. M. 2001. Sediment flux modeling. New York, NY: Wiley-Interscience.

Di Toro, D. M. , and J. F. Fitzpatrick. 1993. Chesapeake Bay sediment flux model. Contract Report EL-93-2. Vicksburg, MS: U. S. Army Corps of Engineers, Waterways Experiment Station.

Dortch, M. S. , D. H. Tillman, and B. W. Bunch. 1992. Modeling water quality of reservoir tailwaters. Technical Report W-92-1. Vicksburg, MS: U. S. Army Corps of Engineers, Waterways Experiment Station.

Edberg, N. , and B. V. Hofsten. 1973. Oxygen uptake of bottom sediments studied in situ and in the laboratory. Water Research 7: 1285 - 1294.

Edinger, J. E. , D. K. Brady, and J. C. Geyer. 1974. Heat exchange and transport in the environment. Report No. 14, Electrical Power Research. Institution Publication, EA-74-049-00-3, Palo Alto, CA.

Edmond, J. M. , and T. M. Gieskes. 1970. On the calculation of the degree of saturation of sea water with respect to calcium carbonate under in situ conditions. Geochimica et Cosmochimica Acta 34: 1261 - 1291.

Ekholm, P., K. Kallio, S. Salo, O. P. Pietilainen, S. Rekolainen, Y. Laine, and M. Joukola. 2000. Relationship between catchment characteristics and nutrient concentrations in an agricultural river system. Water Research 34: 3709 – 3716.

Environmental Laboratory (EL). 1995a. CE-QUAL-RIV1: A dynamic, one-dimensional (longitudinal) water quality model for streams user's manual. Vicksburg, MS: Army Corps of Engineers, Waterways Experiment Station.

Environmental Laboratory(EL). 1995b. CE-QUAL-R1: A numerical one-dimensional model of reservoir water quality user's manual. Vicksburg, MS: Army Corps of Engineers, Waterways Experiment Station.

Field, S. D., and S. W. Effler. 1982. Photosynthesis-light mathematical formulations. Journal of Environmental Engineering 108: 199 – 203.

Finlay, J. C., S. Khandwala, and M. E. Power. 2002. Spatial scales of carbon flow in a river food web. Ecology 83(7): 1845 – 1859.

Fischer, H. B., E. J. List, R. C. Y. Koh, J. Imberger, and N. H. Brooks. 1979. Mixing in inland and coastal waters. New York: Academic Press. 484.

Flynn, K. F., M. W. Suplee, S. C. Chapra, and H. Tao. 2015. Model-Based nitrogen and phosphorus(nutrient) criteria for large temperate rivers: 1. Model development and application. Journal of the American Water Resources Association 51(2): 421 – 446.

Geiger, R. 1965. The climate near the ground. Cambridge, MA: Harvard University Press.

Hanson, R. S., and T. E. Hanson. 1996. Methanotrophic bacteria. Microbiology and Molecular Biology Reviews 60(2): 439-4711.

Harned, H. S., and W. J. Hamer. 1933. The ionization constant of water. Journal of American Chemistry Society 51: 21 – 94.

Harris, G. P. 1986. Phytoplankton ecology: structure, function, and fluctuation. London, UK: Chapman and Hall.

Hutchinson, G. E. 1957. A treatise on limnology, Vol. 1, physics and chemistry. New York, NY: John Wiley and Sons.

Hydrologic Engineering Center(HEC). 2010a. HEC-RAS: River analysis system user's reference manual version 4. 1. Davis, CA: Hydrologic Engineering Center. U. S. Corps of Engineers.

Hydrologic Engineering Center (HEC). 2010b. HEC-RAS: River analysis system hydraulic reference manual version 4. 1. Davis, CA: Hydrologic Engineering Center, U. S. Corps of Engineers.

HydroQual. 2004. User's Guide for RCA(Release 3. 0). Mahwah, NJ 07430.

House, W. A., F. A. Denison, and P. D. Armitage. 1995. Comparison of the uptake of inorganic phosphorus to a suspended and stream bed sediment. Water Research 29: 767 – 779.

Howarth, R. W. and B. B. Jorgensen. 1984. Formation of S labelled elemental sulfur and pyrite in coastal marine sediments during short term SO_4^{-2} reduction measurements. Geochimica et Cosmochimica Acta 48: 1807 – 1818.

Hunter, J. V., M. A. Hartnett, and A. P. Cryan. 1973. A study of the factors determining the oxygen uptake of benthal stream deposits. Department of Environmental Sciences, Rutgers University, Project B-022-N. U. Office of Water Resources Research, Department of the Interior.

Hurd, D. C. 1973. Interactions of biogenic opal, sediment and seawater in the central equatorial Pacific. Geochimica et Cosmochimica 37: 2257 – 2282.

Jobson，H. E. 1977. Bed conduction computation for thermal models. Journal of the Hydraulics Division (ASCE)．103(10)：1213 – 1217.

James，A. 1974. The measurement of benthal respiration. Water Research 8：955 – 959.

Kiffney，P. M，and J. P. Bull. 2000. Factors controlling periphyton accrual during summer in headwater streams of southwestern British Columbia，Canada. Journal of Freshwater Ecology 15(3)：339 – 351.

Kusuda，T.，T. Futawatari，and K. Oishi. 1994. Simulation of nitrification and denitrification processes in a tidal river. Water Science and Technology 30(2)：43 – 52.

Le Cren，E. P.，and R. H. Lowe-McConnell. 1980. The functioning of freshwater ecosystems. Cambridge MA：Cambridge University Press，588 pp.

Leonard，B. P. 1979. A stable and accurate convection modeling procedure based on quadratic upstream interpolation. Computer Methods in Applied Mechanics and Engineering 19：59 – 98.

Leonard，B. P. 1991. The ULTIMATE conservative difference scheme applied to unsteady one-dimensional advection. Computer Methods in Applied Mechanics and Engineering 88：17 – 74.

Likens，G. E.，and N. M. Johnson. 1969. Measurements and analysis of the annual heat budget for sediments of two Wisconsin lakes. Limnology and Oceanography 14(1)：115 – 135.

Manivanan，R. 2008. Water quality modeling rivers，streams and estuaries，New Delhi，India.

Michaelis，L.，and M. L. Menten. 1913. Kinetik der Invertinwirkung. Biochem Zeitung 49(1913)：333 – 369.

Martin，J. L.，and T. A. Wool. 2012. WASP sediment diagenesis routines：Model theory and user's guide. U. S. Environmental Protection Agency，Washington，DC. 20460.

Melching，C. S.，and H. E. Flores. 1999. Reaeration equations from U. S. Geological Survey database. Journal of Environmental Engineering 125(5)：407 – 414.

Meybeck，M. 1982. Carbon，nitrogen，and phosphorus transport by world rivers. American Journal of Science 282：401 – 450.

Millero，F. J. 1986. The thermodynamics and kinetics of the hydrogen sulfide system in natural waters. Marine Chemistry 18：121 – 147.

Missouri Department of Natural Resources (MDNR)．2009. Chapter 3：stream discharge. in introductory level volunteer water quality monitoring training notebook. Retrieved from http：//www. dnr. mo. gov/env/wpp/vmqmp/level1-ch3. pdf.

Morel，F. M. M.，and J. G. Hering. 1993. Principles and applications of aquatic chemistry. New York：John Wiley & Sons，Inc.

Morse，J. W.，F. J. Millero，J. C. Cornwall，and D. Rickard. 1987，The chemistry of the hydrogen sulfide and iron sulfide systems in natural waters，Earth-Science Review 24(1)：1 – 42.

Nakshabandi，G. A.，and H. Kohnke. 1965. Thermal conductivity and diffusivity of soils as related to moisture tension and other physical properties. Agricultural Meteorology 2(4)：271 – 27.

National Council for Air and Stream Improvement，Inc (NCASI)．1978. Interfacial velocity effects on the measurement of sediment oxygen demand. NCASI Technical Bulletin No. 317. NY.

National Council for Air and Stream Improvement，Inc (NCASI)．1979. Further studies of sediment oxygen demand measurement and its variability. NCASI Technical Bulletin No. 321. NY.

National Oceanic and Atmospheric Administration – Earth system research laboratory (NOAA/ESRL)：http：//www. esrl. noaa. gov/gmd/ccgg/trends/.

O'Brien，D. J.，and F. B. Birkner. 1977. Kinetics of oxygenation of reduced sulfur species in aqueous solution. Environmental Science and Technology11(12)：1114 – 1120.

O'Connor, D. J., and W. E. Dobbins. 1958. Mechanism of reaeration in natural streams. Transactions of the American Society of Civil Engineers 123: 641 – 684.

Owens, M., R. W. Edwards, and J. W. Gibbs. 1964. Some reaeration studies in streams. International Journal of Air and Water Pollution 8: 469 – 486.

Packman, J. J., K. J. Comings, and D. B. Booth. 1999. Using turbidity to determine total suspended solids in urbanizing streams in the Puget lowlands. Confronting Uncertainty: Managing Change in Water Resources and the Environment, Canadian Water Resources Association annual meeting, Vancouver, BC. 158 – 165.

Park, R. A., and J. S. Clough. 2010. AQUATOX(Release 3) Modeling environmental fate and ecological effects in aquatic ecosystems. Volume 2: Technical Documentation. U. S. Environmental Protection Agency, Office of Science and Technology, Washington, DC.

Pauer, J. J., and M. T. Auer. 2000. Nitrification in the water column and sediment of a hypereutrophic lake and adjoining river system. Water Research 34(4): 1247 – 1254.

Platt, T., K. H. Mann, and R. E. Ulanowicz. 1981. Mathematical models in biological oceanography, UNESCO monographs on oceanographic methodology. Paris: UNESCO Press.

Plummer, L. N., and E. Busenberg. 1982. The solubilities of calcite, aragonite and vaterite in CO_2-H_2O solutions between 0 and 90℃, and an evaluation of the aqueous model for the system $CaCO_3$-CO_2-H_2O. Geochimica et Cosmochimica Acta 46: 1011 – 1040.

Redfield, A. C. 1958. The biological control of chemical factors in the environment. American Scientist 46: 205 – 222.

Riebesell, U. 1989. Comparison of sinking and sedimentation rate measurements in a diatom winter/spring bloom. Marine Ecology Progress Series 54: 109 – 119.

Rudd, J. W., and C. D. Taylor. 1980. Methane cycling in aquatic environments. ed. M. R. Droop and H. W. Jannasch, Advanced Aquatic Microbiology 2: 77 – 150.

Schnoor, J. L. 1996. Environmental modeling: Fate and transport of pollutants in water, air, and soil. New York: John Wiley and Sons.

Shanahan, P., M. Henze, L. Koncsos, W. Rauch, P. Reichert, L. Somlyódy, and P. Vanrolleghem. 1998. River water quality modeling: II. Problems of the art. Water Science and Technology 38(11): 245 – 252.

Smith, E. L. 1936. Photosynthesis in relation to light and carbon dioxide. Proceedings of the National Academy of Sciences of the United States of America 22: 504 – 511.

Stanley, D. W., and J. E. Hobbie. 1981. Nitrogen recycling in a North Carolina coastal river. Limnology and Oceanography 26: 30 – 42.

Steele, J. H. 1962. Environmental control of photosynthesis in the Sea. Limnology and Oceanography 7: 137 – 150.

Stevenson, R. J. 1996. Algal ecology in freshwater benthic habitats. In Algal ecology. freshwater benthic ecosystems. ed. R. J. Stevenson, M. L. Bothwell, and R. L. Lowe. San Diego: Academic Press 3 – 30.

Stumm, W., and J. J. Morgan. 1996. Aquatic chemistry, 3rd Ed. New York: Wiley-Interscience.

Tate, C. M., R. E. Broshears, and D. M. McKnight. 1995. Phosphate dynamics in an acidic mountain stream: interactions involving algal uptake, sorption by iron oxide and photoreduction. Limnology and Oceanography 40(5): 938.

Thackston, E. L., and J. W. Dawson, III. 2001. Recalibration of a reaeration equation. Journal of Environmental Engineering 127(4): 317 - 320.

Thomann, R. V., and J. A. Mueller. 1987. Principles of surfacewater quality modelling and control. New York: Harper and Row.

Thomann, R. V., and J. J. Fitzpatrick. 1982. Calibration and verification of a mathematical model of the eutrophication of the Potomac estuary. Prepared for Department of Environmental Services, Government of the District of Columbia, Washington, D. C.

Thornton, P. E. and N. A. Rosenbloom, 2005. Ecosystem model spin-up: Estimating steady state conditions in a coupled terrestrial carbon and nitrogen cycle model. Ecological Modelling 189: 25 - 48.

Tillman, D. H., C. R. Cerco, M. R. Noel, J. L. Martin, and J. Hamrick. 2004. Three-dimensional eutrophication model of the lower St. Johns River, Florida. ERDC/EL TR-04-13, Vicksburg, MS: U. S. Army Engineer Research and Development Center.

Tsivoglou, E. C., and L. A. Neal. 1976. Tracer measurement of reaeration. Predicting the reaeration capacity of inland streams. Journal of the Water Pollution Control Federation 48(12): 2669 - 2689.

Tye, R., R. Jepsen, and W. Lick. 1996. Effects of colloids, flocculation, particle size, and organic matter on the adsorption of hexachlorobenzene to sediments. Environmental Toxicology and Chemistry 15 (5): 643 - 651.

Waite, A. M., P. A. Thompson, and P. J. Harrison. 1992. Does energy control the sinking rate of marine diatoms? Limnology and Oceanography 37: 468 - 477.

Walsh, J. J., and R. C. Dugdale. 1972. Nutrient submodels and simulation models of phytoplankton production in the sea. In Nutrients in Natural Waters, ed. Allen, H. E. and J. R. Kramer. New York: John Wiley and Sons, 171 - 191.

Wanninkhof, R., I. R. Ledwell, and I. Crusius. 1991. Gas transfer velocities on lakes measured with sulfur hexafluoride. Symposium Volume of the Second International Conference on Gas Transfer at Water Surfaces, ed. S. C. Wilhelms and I. S. Gulliver. Minneapolis, MN.

Water Resources Engineers Inc. 1967. Prediction of thermal distribution in streams and reservoirs, report to California Department of Fish and Game, Walnut Creek, CA.

Weckström, J., and A. Korhola. 2001. Patterns in the distribution, composition and diversity of diatom assemblages in relation to ecoclimatic factors in Arctic Lapland. Journal of Biogeography, 28: 31 - 45.

Wool, T. A., R. B. Ambrose, J. L. Martin, and E. A. Comer. 2006. Water quality analysis simulation program(WASP), Version 6, User's Manual. U. S. Environmental Protection Agency, Athens, GA.